■ 日本農業の動き ■　No.221

食料・農業・農村基本法 どう見直すのか

農政ジャーナリストの会

目　次

農業気象台

▼…ロシアによるウクライナ侵攻が発端となり二五年ぶりとなった食料・農業・農村基本法と関連法の見直しで、農地制度の改正が焦点の一つとなっている。

食料安全保障の要であり、農業生産の基盤である農地の面積は、一九六一年の六〇九万ヘクタールをピークに減少を続け、二〇二三年には四三〇万ヘクタールを割り込んだ。耕作する面積も減り、耕地利用率は九一％台と低迷している。

長年にわたる農地の減少傾向に歯止めをかけ、生産基盤を維持・確保するため、農業振興地域の整備に関する法律（農振法）を改正し、農地が安易に転用されないよう国の関与を強める方針だ。具体的には、転用を禁じる農用地区域からの除外について集団的農地に係る要件を厳格化するほか、農地の総量確保に向けて国と地方が協議する場を設置する。地域計画区域内の農地の転用規制を強化する観点から区域内農地の農用地区域への編入も促進する。

農地法では、農地の権利を取得しようとする際に、申請者の農業関係法令の違反の有無を確認するほか、営農型太陽光発電事業などで農地転用の許可を受けた事業者が適切に事業を実施していない場合に許可を取り消す仕組みや、是正命令に従わない場合に公表する仕組みを設ける。地域計画区域内の遊休農地は、農地中間管理機構への権利設定の手続きを迅速化する仕組みを設けるなどの検討が進んでいる。

▼…農地と両輪をなす生産基盤の担い手の減少も深刻だ。基幹的農業従事者は二〇二三年に一一六万人となり、二〇〇〇年から半減。今後二〇年で四分の一の三〇万人まで減少すると見込まれている。一方、法人経営体は三万三千と同期間に六倍に増加。農地の受け皿として農業法人に期待が高まる。

農業法人は借入依存度が高く、経営基盤がぜい弱な法人が多い。法人の自己資本の充実により経営基盤の強化を図るため、農地を所有できる農地所有的確法人の出資規制（議決権要件）を緩和する方向で検討が進む。特例で、農業関係者の出資割合を現行の二分の一超から三分の一超へと引き下げる。食品事業者などは単独で最大三分の二未満の出資が可能となる。

特例を利用できる法人の要件は農業経営基盤強化促進法（以下「基盤強化法」）に位置付ける。地域計画に位置付けられた担い手であることや、認定農業者として実績があることなどを定める。一方、出資者の要件は政省令で示す方向だ。当面は食品事業者と地銀ファンドなどに絞り、農地の権利移転や転用、取締役の選任・解任などは拒否権を確保できるとしているが、農業関係者の決定権確保に影響を及ぼす懸念があるため慎重な検討が望まれる。

▼全国の市町村では、昨年の基盤強化法改正で導入された地域計画の策定が本格化している。一〇年後の耕作者（農業を担う者）を農地一筆ごとに目標地図に明記することが求められるが、担い手不足の地域では策定期限の二〇二五年三月までに耕作者を特定できず、「今後検討等」として保留扱いにする地域も多いと考えられる。地域計画の策定は地域総がかりで農地を守る取り組み。農地法改正で農地取得の下限面積要件が廃止されたのは、経営規模の大小にかかわらず意欲を持って農業に新規参入する者を地域内外から取り込むことに期待したものだ。認定農業者や認定新規就農者などの担い手に加え、小規模の家族農業、さらに「半農半X」といった農業を副業的に営む経営体も重要なプレーヤー（農業を担う者）として地域計画に位置づけ、農業・農村を守っていくことになる。

こうした新たな経営が地域で根付くためには「新規就農エリア」「半農半Xエリア」「有機農業エリア」など農地を位置によって区分けし、重点的に支援していくことも必要になるだろう。

▼土地（農地）と人（担い手）は農業生産の基盤であり、食料安全保障の確保に欠かせない。本格的な人口減少社会に入ったわが国では、少ない人数で農地を生かし、地域を挙げて農地を維持する仕組みの構築が急がれる。関係機関による各種施策の丁寧な説明と継続的な見直し、生産現場の粘り強い取り組みに期待したい。（W）

農業気象台

本特集に向けて

食料・農業・農村基本法見直しのきっかけは、本会研究会における森山裕衆議院議員（当時、自由民主党食料安全保障に関する検討委員会委員長）の講演（二〇二二・五・三〇）であった（講演内容は本会発行・日本農業の動き２１７号『改めて食料安全保障を考える』に所蔵）。このなかで同氏は党内での議論の内容を説明するとともに、同基本法の見直しが必要であることに加え、その後の改正に向けての工程表案まで踏み込んだ内容であった。

食料・農業・農村基本法は、農政の基本理念や政策の方向性を示すものである。その経緯を振り返ってみる。第一回の基本法は昭和三六年（一九六一）に「農業基本法」として制定された。第二回は「食料・農業・農村基本法」と名前を変えて平成一一年（一九九九）に改正された。今年、改正されれば四半世紀ぶりの改定ということになる。同法の最も重要な目的は、国民への食料の安定供給である。そしてそのための農業のあり様についての基本的な理念を示すものであり、本来ならあまり変わってほしくない。なぜなら、農業や農村の維持は簡単に変更できるものではないからである。崩壊させるのは比較的たやすいが、破壊されたものを再構築するのには莫大なエネルギーを必要とする。第一回から第二回を経過し六〇余年たった同法であるが、時代の流れ、特に経済政策によって大きな影響を受けてきたというのが実態ではなかろうか。

同法の根底にあった国の方針は、日本経済の形として、安い農産物や資源は海外から輸入し、工業製品を輸出して経済を成長させるというものであった。特に、第二回の「食料・農業・農村基本法」以降ではＴＰＰ（環太平洋連携協定）など大型の経済連携協定が発効したことによって農産物の市場開放が進んだ。これに加えて農業担い手の高齢化の進行もあって急速な農家数、農地の減少傾向が続いてきた。食料自給率も基本法では向上を目標と掲げたが低下の一途を辿ってきた。

さて、基本法改正案もほぼ骨格が見えてきて、本年一月末からの通常国会に提出される予定だ。それは「食料安全保障の抜本的強化」、「環境と調和のとれた農業への転換」、「人口減少下における生産水準の維持・発展と地域コミュニティの維持」である。

さらに今回は基本法改定に加えて関連する四本の法案が同時に提出される予定となっている。通常であれば基本法が制定された後に基本計画が策定され、その上で関連の法律・予算という流れであるが、基本法改定と関連法案が同時に提出されるというのは危機感の表れでもある。

四関連法案とは、二つ新法として不測時の食料確保に向けた枠組みの創設とスマート農業を振興するための法律であり、二つの改正案は農地の総量確保を目指す農地関連法案と食品原材料の調達安定化に向けた特定農産加工業経営改善臨時措置法改正案である。

食料確保の不安定化と農業・農村の存立が危ぶまれていることが危惧されて、目下の基本法見直し論議に至っているが、これまでの背景を見据えて新しい基本法に向かって欲しい。つまり、目先の改定ではなく、長き将来を見据えた根本的な日本農業のあり様を目指すものにして欲しい。それが、未来世代への我々の責任でもある。「モノ中心の農業から人中心の農業」への転換へ！

今回の研究会はほぼ一年を要した。報告者も生産者、学術研究者、見直し論議の中心として関わってきた研究者、農協関係者、いずれも重い発言をされており、今後の農政展開に活かされることを期待したい。

（本誌編集部）

地域を守る大規模稲作経営の最前線から

（有）横田農場 代表取締役
横田　修一

横田農場の現状

横田農場は、茨城県の龍ケ崎市にあり、東京の中心からはほぼ五〇㌔くらいで、電車で一時間かからないような、比較的都市近郊といえます。農場の役員は父と私の二名で、社員は八名です。私の母と妻を除くと、外部からの雇用は六人です。米の生産・販売を中心に、ほかに米粉の販売や体験授業も少しやっています。令和四年の作付面積は、約一六八㌶ですべてが米です。

食料・農業・農村基本法は平成一一年（一九九九）にでき、横田農場が法人化したのが平成八年で、そのときは、私はまだ横田農場に入っていませんでした。平成一〇年に大学を卒業して横田農場に入社しました。そのときに、直売を始めました。今の基本法ができた時期に私も農業を始めたことになります。平成二五年には天皇杯を受賞し、最近では、スマート農業実証プロジェクトに参加させていただいています。

横田農場の五つの特徴

横田農場の特徴の第一は、一六八ヘクタルの面積が比較的地域的に集っていることです。これは、意識して集約したというよりは、もともと、規模拡大をするつもりはそれほどなく、消極的な規模拡大でした。私が就農した平成一〇年当時は、まだまだ地域の先輩の農業者が頑張っていましたので、農地を集めることはそんなに簡単ではありませんでした。集めようとすれば、範囲を広げて遠くの田んぼにもいかなければなりませんでした。そうした規模拡大よりは、販売に力を入れることにして、直売所を始めました。父には、米を売るのがお前の仕事だといわれました。

東京に近いということもあるのでしょうが、地元に残って農業をやる人がだんだん少なくなって、急速に農業を辞める人が増えていきました。そうして、狭い地域のなかで、急激に農地が集まり、結果的に二・五キロ四方の範囲に農地が集約していきました。もともとの区画が小さかったので、畔抜きをして、効率よく作業ができるようにしました。田んぼの区画は、一〇アール未満の田んぼが四十数枚、一〇～二〇アールの田んぼが一番多くて一二〇枚弱というふうに、必ずしも大区画の大きな田んぼがあって、効率的だというわけでもありません。農水省がいう大区画は三〇アール以上のようですが、うちではそれ未満の田んぼが五七％と、比較的小さい田んぼが多いといえます。それに加えて、基本的に湿田なので、生産調整で麦や大豆をつくるにはあまり向いていません。したがって、飼料用米や加工用米で生産調整をしています。

　これまでの規模拡大の経緯をみると、一九九六年が二〇㌶くらい、二〇〇二年くらいまではそれほど面積は増えず、むしろ販売の方に力をいれていました。二〇〇三年くらいから、少しずつ田んぼが増え始めて、毎年五～一〇㌶ずつ規模拡大をしてきました。そうして、二〇二二年には一六八㌶になっています。圃場の枚数をみると、小さい田んぼがあるので、面積の拡大とともに枚数も増えてきましたが、二〇一五年くらいから、あまり枚数が増えなくなりました。これは、地域のなかで横田農場のシェアが高まったことによって、連担化して、畔抜きができ、圃場を大きくできるようになったからです。

　生産部門の社員数の推移をみると、それまで、父と母の二人だったものが、一九九八年に私が入って三人になりました。その後、四人、五人と増えていきますが、今は八人くらいで生産を賄っています。

　二番目の特徴は、農地が集約してきても、田植機とコンバイン各一台で作業を行っていることです。稲作の場合、ほとんどの作業は機械化されていて、省力化がされていますが、機械にかかるコストが高くなるので、機械を少しでも長く稼働させようと、田植えや稲刈りを、それぞれ二か月くらい期間を延ばして、一台でこなしています。作業の期間を延ばすために、品種を早生から晩生まで八品種を組み合わせて作期分散をしています。それが、結果的にコスト削減につながっています。

三番目の特徴は、生産した米のほとんどを直売していることです。平成一〇年から直売を始め、少しずつ増えていって、今ではほとんどの米を自分で販売できるようになってきています。販売先としては、ウェブやスーパーを通じた一般消費者向け、業務用として、レストランや弁当業者向け、そして酒やおせんべい、餅などの加工用も自分で直接販売をしています。それぞれの仕向け割合は、だいたい三〇％くらいです。バランスをとって、リスク分散をしています。少しですが、市場へ出すものもあります。今年は米価が少し戻ってきましたが、うちでは価格はお客さんと相対で決めています。スーパー向けは、スーパーに納めているのではなくて、直売所のようなかたちで、棚だけ借りているかたちです。ですから、価格も自分で決めています。この価格は、相場が変化していても、ずっと変えていません。ということは、基本的に売上高はあまり変わらないということになります。

次の特徴は、ファンづくりです。ファンづくりが大事だと気付いたのが、東日本大震災の後、放射能の風評被害があったときです。それまでは、インターネットを通じたお客さんが、販売のうち六割を占めていました。ところが、大震災の後、そのお客さんの九割がいなくなってしまいました。しかし、一割のお客さんは残っていて、そのお客さんは、横田農場のお米が買いたいというファンでした。そういうお客さんを一人でも増やしていくことが大事だと考えました。そこで、体験活動に取り組んだり、米粉のスイーツ製造・販売など、ＳＮＳによる発信も含めて、活動を続けてきました。

約一七〇ヘクタールの経営というと、すごいと思うかもしれませんが、米の生産量でいえば九〇〇トンくらいです。一人当たりの年間の米の平均消費量が五〇キロくらいですから、だいたい二万人弱くらいの人が一年間に食べる米をつくっていることになります。つまり、二万人弱のファンをつくれば、売り先には困らないということです。一億人の米をつくるのはたいへんですが、たかだか二万人弱のファンをつくっていくと考えると、いろいろなことができると思いました。そう考え、できる範囲で一生懸命やっています。

五番目の特徴は、組織のあり方です。家族以外では六人を雇用しているわけですが、いわゆる会社組織のようなピラミッド型の指示系統をとってはいません。自律分散型といわれますが、みんながそれぞれ考えて行動していくのが、うちの大きな特徴です。つまり、一人一人が農家だということです。もちろん技術レベルや経験年数、考え方は違いますが、それが強みでもあります。みんなが違うことを考えても、みんなで議論しているうちに、いろいろなアイデアがでてきます。先ほど申し上げた作期分散など、地域のなかではほかと違うやり方も、こうした議論のなかから生まれたものです。経営を取り巻く環境の変化に対応するために、こうした柔軟な組織構造になってきたのだと思います。

これからの課題

農林水産省の統計から、令和二年の個別経営、五〇ヘクタール以上層の一〇アール当たりの生産費の割合をみてみますと、最近、肥料価格が高騰してたいへんだといっていますが、それは全体の一一%を占めています。一方、横田農場の場合は二%です。コストを削減して、一〇アール当たりでは七〇%くらいのコスト削減ができています。一方、単収で割って六〇キロ当たりの生産コストをみてみます。令和二年でみると、七八%と、農水省の統計よりコストは下がっています。令和元年では、一〇アール当たりのコストは全国平均とそれほど変わらないのですが、六〇キロ当たりのコストでみると、一一二%と農水省のコストを超えてしまっています。せっかく、一〇アール当たりのコストを一生懸命下げても、単収が下がってしまうと、マイナスになってしまいます。これは、台風がいくつもきて、単収がかなり低かったことによります。とくに千葉では被害がひどかった年です。もちろん、コストを下げるために、少ない機械でやるとか、肥料・農薬代を低くすることも大事なんですが、一方で、収量をきちんと上げていかないと、台無しになってしまいます。

単収の変動をみると、二〇〇五年を一とすると、そんなに変動のない品種もあれば、変動が極端で、令和元年もかなり落ち込んだものもあります。これをいかに安定させていくかが大事ですが、気候変動の影響で難しくなってきています。ずっと右肩下がりの傾向できていて、とくに二〇一九年はひどかったのですが、二〇二〇年、二一年、二二年と少し上向きになっています。これは、スマート農業の成果だと思います。いろいろなデータを使って、どういう作付をして、どういう肥料をどういうふうに使っていくのかということを、かなりやりました。スマート農業実証プロジェクトに参加したのは、二〇一九年、二〇年でしたが、かなり改善して、収量が伸びて、その結果、コストはかなり下がっています。当たり前のことですが、米農家として、収量を上げていかないとコストも下がらないし、それこそが経営のプラスになって、持続的な経営ができるのではないかと考えます。

（よこた　しゅういち）

〈質　疑〉

―― 横田さんはずいぶんと働きづめのようですが、朝は何時から働いて、夜は何時まで働いているのですか。社員の方はどうですか。

横田　うちは、八時半始業、五時半終業が基本です。ちょうど今の時期は、繁忙期ではないので、その時間でできます。休みは基本的に日曜日です。ただし、春や秋はそうはいかなくて、天気次第のところもあります。雨が降ったら休む、晴れているときは日曜日も出ます。もちろん、体が資本ですから、休まないといけないので、休めるときに休むことにしています。農業も会社なんだからきちんと休め、といわれるかもしれませんが、私は少し違うと思っています。天気が曜日に合っていればいいですが、そうではありません。やはり、仕事ができるときはやらなければいけないときもあるし、かといって、休まないと続けられないので、休めるときにはきちんと休みます。そういうことを意識しています。今の時期は、休めるときなので、少し長期に休んだりしています。

私は、基本としてずっと仕事をしています。中小企業では、役員が一番働くのが一番のコスト削減です。それでも私が体を壊してはしょうがないので、休める時には休みます。

――今までは、農協を通じて販売をしてこなかったのですか。今後はいかがでしょうか。また、有機農業については、どのようにお考えでしょうか。

横田　父は、かつては地元ＪＡの理事をしていたこともあります。べつに、ＪＡと喧嘩をしているわけではまったくありません。かつては、ＪＡにも出荷していましたが、自分で売るようになって、少しずつ自分で売る量が増えてきて、最終的には、ＪＡへの出荷がなくなってしまいました。私は、単価が高いか安いかということよりも、価格が安定して売上が安定することのほうが、より重要になってきました。それは、簡単にいえば、複数年契約でしょう。そういうことが重要で、そうすると、それなりの規模でやっていくことがより重要になってくると思っています。売り先を決めて自分で売ろうとすると、お客さんが欲しいというときまで品物をもっていなければいけません。かつては、自分のタイミングで出荷できたのですが、今は、米がまだ余っているからちょっと待ってくれという相手もいます。そういう意味では、ＪＡは倉庫を持っていますから、これから利用する考え方もあるのかなと思います。うちは、営業専任をおいているわけではないので、自分たちのできる範囲で売り先を増やしてきましたが、これから、三〇〇㌶、五〇〇㌶となったときも、自分で売っていくのかというと、そうはならないと思っています。そういうときには、ＪＡも取引する相手にはなると思います。

現在、三㌶ほど有機ＪＡＳで栽培しています。販売先が確保できるかどうかによって、面積を増やせるかどうかが決まってきます。また、どこまでコストをかけられるかも重要です。今までは紙マルチを使ってきましたが、作業性やコストに問題があるので、今後どこまで面積を増やしていけるのかは難しいところだと思います。品種や栽培体系ごとの利益率を計算すると、当たり前ですが、有機栽培が一番高くなります。したがって、売り先があれば有機を選択するでしょう。

――一六八㌶の農地はどのくらいの農家からの借地ですか。スマート農業実証プロジェクトに参加して、単収が伸びたそうですが、具体的にはどういうことに取り組んだのでしょうか。

横田　農地のほとんどが借地です。会社所有の農地はありません。私たちの家族も会社に貸していて、それがだいたい一二㌶くらいです。それ以外の一四〇㌶くらいは農地中間管理機構を通じて利用権設定をしています。ただし、二〇㌶くらいは相対です。なぜかというと、まだ相続登記をしていなくて、正式な利用権設定を結べないというところです。戸数では、全体で一五〇戸から二〇〇戸近いと思います。一戸当たり、一㌶あるかないかですが、それだけの地主さんと個別に交渉しているとたいへんなので、農地中間管理機構には助かっています。

スマート農業の実証は、農研機構とコンソーシアムを組んで、いろいろなことに取り組みました。自動操舵トラクターや自動走行田植機、栽培支援システムなどは、だいたいやってみました。ただ、トラクターや田植機が自動になったからといって、コストが下がるかというと、実際には人は減らせないので、あまりコストは下がっていません。一応それなりの成果は出しましたが、経営に直接役に立ったかというとそうでもありません。むしろ、収量を向上させるために重要で、今まで面倒くさくてあまりとっていなかったデータも、かなり細かくとることができました。スマート農業の導入前は肥料をどのくらい使ってということはある程度は把握していましたが、あらゆるデータ、株間はどれくらい、苗の数などを細かくとって、最終的に、収量や品質がどうなったかというデータと突き合わせました。そうすると、こういう栽培をしたほうが収量は上がるのではないか、同じ品種でも時期を組みわせるほうがいいのではないかと、農研機構の人たちとディスカッションしながら、肥料を変える、作付けを変える、圃場を変えることもして、改善をしました。一枚の田んぼだけなら、細かくみられますが、四〇〇枚となると、何がどこでどういうことが起こっているのかをなかなか把握しきれません。そういうデータを細かく分析することで、収量を増やすこともできます。一昨年くらいまでは、地域の標準並みの収量でしたが、去年くらいからそれを超えるところまで伸ばせるようになってきました。

――現場では、基本法をどう受け止めてきましたか。法では、国の責務や農業者・消費者の努力といったことにも触れられていますが、そうした面ではいかがでしょうか。この二〇年の間に、変化はありましたか。

横田　必ずしも基本法については特別意識してはきませんでした。そうはいっても、今の基本法になって、たとえば法人経営が位置づけられたので、私自身は今の基本法のなかで歩んできた感じです。ですから私としては、それなりに整っているのではないかという印象をもっています。

ただ、この二〇年の変化を考えると、横田農場は二〇㌶くらいだったところから、一七〇㌶と約八倍に増えてきました。これから先、もっと構造変化が進むのではないかと思います。二〇年前、トラクターやコンバイン、栽培技術などの技術革新によって、現在のように一七〇㌶の面積が可能になって、それなりの収量を得られるようになりました。あと二〇年経ったとき、より多くの面積、たとえば地域全部の五〇〇㌶を今と同じ技術で栽培できるかどうか、全然想像ができません。これから先、より大きく変わっていくなかで、本当に対応できる基本法とは何だろうと考えると、もっとよく考えなければいけないだろうとは思います。

――基本法ができたときと比べても、農業者そのものが大きく減少しています。そのなかで、地域は今どうなっているのでしょうか。

横田　ちょうど、先ごろ、茨城県内の稲作農家の会合がありました。そこで先輩が、集落に八五戸あるが、農業をやっているのは今では二五戸しかないといっていました。私からみると、それでも二五戸もあるのかという感じです。うちの地域では、一〇〇戸のうち、農業生産をしているのは五戸だけです。私が農業を始めたときには、すでにその半分は農業をやっていませんでした。私の父くらいの世代が、自分がやっていた農地を横田農場に頼んでくれているという状況です。それも、次の世代になれば、どこに預けるかはまったく関心がなくなります。農地に対する意識が少なくなり、横田農場が地域の農業に果たす役割への関心もありません。農業者は今では地域で少数派になっていて、かえって迷惑をかける存在になりかねません。そこが心配です。

――ファンをつくろうと、直売所や農業体験を始めたそうですが、基本法の中にも、消費者の役割が明示されています。この点に関しては、どう感じていますか。

横田　農業体験を始めたのは、今から二〇年前ですが、当初は、どう人を集めたらいいかがわかりませんでした。そこで初めに取り組んだのが、学校への通知でした。教育委員会の後援をいただいて、市内の小学校にチラシを配りました。その結果、いちばん多かったのが地元の小学校からでした。子どもたちは、家の目の前に自分の家の田んぼがあるのに、ほかに貸しているので、自分はその田んぼに入ったことがないんですね。私にとっては、想像もしていませんでした。もちろん、都市部に住んでいる消費者も大事ですが、地元の子どもたちも農業を体験しないといけないのではないかと強く感じました。現代では、子どものおじいちゃん・おばあちゃんも都市部に住んでいることが多いので、田んぼに入る経験がなく、そういう人たちにとって、農業経験はすごく大事です。大掛かりなイベントでなくても、ただ田んぼに入ってもらうだけでもいいと思います。

――今、雇用されている方は、将来独立させるのですか。

横田　本人が希望すれば、いずれは独立ということもあるかもしれません。私自身は農業しか知りませんが、社員の中には、以前建築現場で働いていた人もいます。前職では電気工事を担当していたそうです。建築現場には基礎工事から内装などいろいろな人が関わっていて、電気工事は最後の工程です。そのため、工期が迫る中、電気工事の担当には自分の仕事でなくてもやらなくてはならないことがたくさんでてくるそうです。彼がいうには、農業にはそれがないといいます。自分がやったことが、そのまま返ってきます。天気はどうしようもありませんが、それは誰もが同じです。そういう意味で、理不尽なことは起こらないといいます。それが農業の良さだといっています。そういうことを面白いと思ってくれる人が、今後も増えていってくれるといいと思っています。

一方、計画的に働く方がいいと思う人もいると思います。経験して、学びながら、やっていけばいい。担い手は、多くは増えないかもしれませんが、一定数が残って、そこに農地が集約されていけばいいのではないでしょうか。今は、一七〇㌶を八人くらいでやっていて、一人当たり二〇㌶くらいを管理していることになりますが、今後スマート農業技術を使っていけば、五〇㌶、一〇〇㌶をこなすということになります。そうなると、アメリカなどと生産コストはあまり変わらないくらいになるのではないでしょうか。そのとき、横田農場が全部引き受けるのか、暖簾分けするのかは、そのとき、社員たちがどうしたいかによると思います。組織の形が環境に応じて変われるのが横田農場の強みでもありますので、柔軟にやっていければと思っています。

――経営の内容を拝見すると、減価償却費、肥料・農薬費の割合が小さいのは、経営戦略でしょうか。今後はどうなっていくとお考えでしょうか。

横田　経営戦略として、その部分を一生懸命やってきましたが、ゼロにはできません。圧縮できるところまでやってきたつもりですので、これ以上の圧縮は無理だろうだろうとみています。

――スマート農業の導入は、資本装備が大きくなってしまわないでしょうか。単収の増加でカバーできますか。

横田　スマート農業というと、自動化機械が注目されますが、その部分は確かに資本装備は大きくなります。とくに、うちでは一日に八枚くらいの田んぼの作業をしますので、それだけ圃場間の移動が生じます。移動時には人間が乗らなければならないので、結果的にそれほどの省力効果はありません。いまのところ、そうした自動化機器はあまり経営の役に立つとは思えないので、実証プロジェクトの時は利用していましたが、実際の経営では使っていません。今は、どちらかというと、データ駆動型の技術のほうが、それほど大きな資本投資をせずに、大きなリターンが得られると考えています。それでも、永久に単収を上げていけるわけではないので限界はありますが、まだまだ余地はあると思っています。

――横田農場の組織原理は「結」だといわれましたが、従業員も経営に関する議論に参加し、持株ももっているのでしょうか。

横田　難しいことではなくて、非常にシンプルです。収穫物の単価がほぼ固定なので、収量を上げられるかどうかが、経営のすべてです。いかに効率よく、無駄なことをしないで、収量をあげること、それがうちの経営の根幹なので、それをみんなで議論しています。

――ドローンは使っていますか。

横田　ドローンは、病害虫防除と追肥に使っていますが、病害虫防除だけの利用では収量が下がってしまわないためだけの技術であって、収量をプラスにするためのものではありません。効果的な追肥に活用をすることで、より収量が上がる可能性があるので、そこに力を入れて使っています。

――今後、農地が増えて、たとえば五〇〇㌶になったとすると、経営や技術のあり方は変わるでしょうか。そのとき、農村コミュニティはどうなるとお考えですか。

横田　一人当たり五〇㌶ができれば、今と同じ技術体系で、同じような経営でこなせると思っていて、それを目指しています。たとえば田植機は一台一日当たり二・五㌶しか作業できませんので、頑張っても二〇〇《ヘクタル》くらいが限界でしょう。それを五〇〇《ヘクタル》にするために、田植機を増やすのではなく、たとえば、ドローンを使って追肥をすればいいと思います。昨年の実績では、ドローンで一人一日二〇《ヘクタル》がこなせます。つまり、ドローンを使えば、その効率で直播ができるということです。そういうふうに、技術が変わってくれば、同じ人数で今の何倍かの面積ができる可能性はあると思っています。

　そのとき、今のような農村コミュニティはもう維持できないと思います。極端にいうと、うちの地域には横田農場の人以外は誰も住んでいないというようなことが起こるかもしれません。五〇年後、一〇〇年後を考えれば、すでに横田農場の人もそこには住んでいないということになっているかもしれません。南米のボリヴィアからの研修生を受け入れたことがありました。ボリヴィアの実家では、五〇〇《ヘクタル》、一〇〇〇《ヘクタル》で米をつくっている人でした。そこでは、自分の家から農地まで、車で一時間くらいかかるといいます。忙しい時は圃場に泊まり込みで作業して、閑散期には家に帰っていくそうです。日本もそれでいいのではないかという気もします。今の時点で、そうする必要はなく、職住近接のほうがいいのでしょうが、そこにこだわりすぎなくてもいいのではないでしょうか。コミュニティを維持することが主目的になるのは、違うかもしれないと思っています。

――草刈りなどの管理作業は地主さんがやっているのですか。

横田　管理作業もすべてうちでやっています。ただ、今後も、今と同じように管理をすべきなのかは状況によって変わっていくとは思っています。

――畔抜きはどのくらい行っていますか。その結果、小さい田んぼはどのくらいになったのでしょうか。また、借地料は変動していますか。

横田　畔を抜いて田んぼを広げることについては、かつては地主さんの合意がまったく得られませんでした。しかし、ここ一〇年くらいは許してもらえるようになってきました。そうしても、地代はまったく変わりません。一枚の田んぼの大きさについては、私は、いわゆる適正規模はないと思っていて、どこまでも大きくできるかというとそういうわけではありませんが、物理的な限界は二ヘクタルです。そうした田んぼにあわせて、技術・栽培体系を選んでいくことが大事だと思っています。畔抜きを二〇本くらいして、横幅が四〇〇メートルという田んぼが一番大きいものです。この田んぼは、平らに水が張れないので、代かきができません。そこで、乾田直播にしました。

――今後も米の需要減は予測され、水田の畑地化などが政策的に推進されていますが、横田農場では畑作化についてはどうお考えでしょうか。

横田　うちの田んぼは湿田で、とても畑作物がつくれるような圃場ではありません。水はけを改善しようとすると、莫大な投資が必要です。無理して畑作物をつくるよりは、やはり米をつくったほうがいいでしょう。米を食べる人が少なくなってくるということであれば、輸出していくしかないだろうと思います。今のところ、価格の問題で輸出は厳しいようです。海外では、寿司など確実な需要はあるものの、日本の米は高いといわれています。しかし、生産コストをみると、農水省の統計では、令和二年産五〇ヘクタール以上層で一万円くらいですが、うちは七千円で、栽培体系によっては五千円台のところもあります。そう考えると、輸出でも価格競争力があるところまで、コストが下がっていると思っています。

――稲作農業を維持していくために、消費者にはどのようなことを望まれますか。

横田　八年前頃、福島県の喜多方市が農業教育に力を入れ、日本農業賞も受賞されていた喜多方市の教育員会の話を聞いたことがありました。年間四〇時間の総合的学習を全部使って農業教育を行い、通知表にも、他の評価と並んで農業科がありました。うちで行っている農業体験は、田植と稲刈りという、楽しい部分しかやっていません。でも、年間四〇時間あれば、草取りなどの大変な作業もあるでしょう。当時は、ＴＰＰのこともあったので、教育委員会の担当者は、もし海外から安い農産物が入ってきても、喜多方市の子どもたちは海外の農産物は買わないだろうといっていました。子どもたちは、農産物がどんなにたいへんな思いをしてつくられているのかを身をもって知っていますからといっていました。おそらく、そういうことがすごく重要だろうと思います。生産者と消費者の距離を縮めていくことが大事だと思います。

――　経営を維持・発展させてきたなかで、これまでの農政をどう評価され、今後どのような政策が求められるとお考えですか。

横田　私のスタンスでは、政策はうまく使えるものを使うということです。水田活用の交付金も、年々複雑になって、どこまでいくのだろうという気はします。先ほどいった、ボリヴィアの実習生と話をしても、飼料用米のことをいくら話してもその助成制度を理解してもらえません。私たちはずっとやってきているからわかりますが、あまりにも複雑なのでどうも理解できないようです。制度の成り立ちにはいろいろな経緯があるのはわかりますが、これからもこれをずっと続けていくのか。これからの水田農業をどうしていくかというビジョンを、実際に稲作農業をやっている私たちがきちんともっていかないと、方向が定まらないのではないかと心配です。

――　飼料用米や耕畜連携を含めて、水田農業をどうするかが政策的にも明確にならないと、現場でもビジョンを描きようがないのではないですか。

横田　農水省が考えるべきなのも当然ですが、より重要なのは、農業者自身がどう考えるかです。農水省はマクロ的にしか見られないので、実際に地域でどうするかは違ってくると思います。飼料米について、私なりにいえば、どんなに収量を増やしてもどんなにコストを抑えても、補助金がないと作れません。だから、あまり積極的にはなれません。でも、飼料の自給率は極端に低いので、それを何とかするために、米を餌にまわすことは、全体としてみれば必要なことなのかもしれません。条件によって、そういう取り組みが必要な地域で積極的に活用していくことは必要でしょう。やはり、補助金の金額が大きいことも問題になっていますので、よく考える必要があります。令和四年は、茨城県は初めて生産調整目標一〇〇％を達成しましたが、その内訳はほとんどが飼料用米です。そんなバランスの悪いことをしていて、持続的といえるのでしょうか。

――環境対応を考えると、農水省のみどりの食料戦略への対応は避けて通れないと思います。基本法の理念として、脱二酸化炭素が入ってくることについては、どうお考えでしょうか。

横田　事業を行っている、とくに農業をしているという面でも、持続的に継続していくことが最重要課題だと思います。農地や技術は、脈々として受け継がれてきたものであって、それを継続していかなければなりません。一方、気候変動などによる収量変動もあり、間違いなく持続性が脅かされています。持続的に農業をしていくために、できることをやっていくことは絶対に必要です。しかし、経営も当然持続させなければいけないので、どこかでバランスをとらなければいけないのだと思います。有機栽培に移行することが、ほんとうに必要なのかどうかには少し疑問をもちます。水田はメタンガスの発生の元凶といわれていますが、中干の期間を延長したり、秋起こしをして有機物の分解を促進させるなど、栽培体系を変えることでどのくらいのメタンガスが減らせるかという正確な数字は誰もわかりません。それでも、自分たちのできる範囲でやっていきましょうということでしかありません。化成肥料はうちではあまり使っていなくて、結果的にそれが環境に優しい農業になっていますが、それは、環境への配慮から取り組んでいるのではなくて、そのほうがコストが下がるからです。そのように、経営への効果が伴わないと、なかなか広がっていかないし、私はそれが両立すると思っています。そうして進めていかないと、農業経営は持続できません。そういう視点で、みどり戦略をみていく必要があると考えています。

―― 現在、水田経営に占める補助金はどのくらいの割合を占めているのですか。水田経営の維持していくうえで、どういう位置にありますか。

横田　日本中の米農家は、米の売上が下がっても補助金が入り、営業利益では赤字にもかかわらず雑収入で補助金が入って、経常利益では若干のプラスになるのが普通です。しかし、横田農場は、転作はきちんとやっていますが、営業利益でも黒字です。経営的にいえば、転作の補助金をもらわなくても黒字になるでしょう。やり方次第では、そのようにできると思います。民主党政権のときの戸別所得補償制度のイメージがありますが、それとヨーロッパで行われている直接支払とは少し違います。何のために支払われているかということが重要で、水田農業を維持するために直接支払をするといわれると、補助金がないと維持できないのか、それとも経営努力で維持できるのであれば直接支払は要らないということになります。つまり、なぜ、直接支払が必要なのかということによって、評価できるかどうかが決まってきます。

―― たいへんバランスがいい販売先を確保しているようですが、いつごろからこうした販売先のバランスにしたのでしょうか。

横田 最初はゼロから始めたので、できるところから始めていって、バランスを考えてというよりは、結果的にそうしたバランスになりました。たとえば、単価をもっと高くするために、もっと直売に力を入れようとか、営業担当を雇ってネット販売をしていこうという考えはありませんでした。自分のできる範囲で、いろんなところに拡げていった結果、こういうバランスになっているという感じです。

―― 業務用として販売している相手は、複数あるのですか。

横田 たとえば、レストランは三社くらいです。加工用米では六社です。すべて、茨城県内の中小の会社です。

―― 基本法の見直しに当たって、こうした事柄をいれてほしい、あるいは強化してほしい部分はあるでしょうか。

横田　今後の二〇年を考えたときに、生産現場でとくに感じるのは、農業者が少数派になってしまっていることで、それが地域の中できちんと位置付けられる必要があるのではないかということです。別に地域に迷惑をかけているわけではありませんが、例えば、工場をやっていれば排水や騒音問題を当事者が何とかするのは当然ですが、農業の場合も果たしてそうでしょうか。自分たちですべて何とかしなさいといわれると、そこまでの体力は今の農業経営にはありません。地域の中で、理解をしていただくことが大事で、規模が大きくなって、法人経営になれば、経営体として強くなっていくのだから、ほっておいても大丈夫だろうと思われてしまうのは残念です。そうした部分に経営のリソースを割かなければならないのはたいへんです。こういうことをいう大規模経営者は少ないので、あまり反映されてこなかったのではないかと思います。法律には「農業者」とだけ書いてありますが、どんな農業者を示しているのかがはっきりしませんし、大きな経営から小さな経営まで均一にみるのは必ずしも適切ではないように思います。

――働き方の問題については、どうお考えですか。

横田　私は働き過ぎだといわれれば、そうだと思います。とくに家族はそう思っていると思います。農業分野だけでなくて、日本に労働者が必要だという意味で、社会として外国人労働力の必要性がいわれているのかもしれません。しかし、うちで働いている人たちは農業労働者ではなくて、みんな「農家」なんです。経営までは全員がやるわけではありませんが、視点としては、収量や効率を上げるためにやっているという意味では、「農家」なんです。そういう人がうちで働いてくれています。私はそれが農業をやることの面白さだと思っていますが、必ずしも社会全体はそうではないようです。もちろん、休んだ方がいいことはたしかでしょうが。そういう働き方もあるのではないかということも発信していかなければいけないのかなと思っています。

（二〇二三・二・九）

基本法の見直しの真髄とは何か
——みどり戦略を土台とした基本理念の確立——

東京大学名誉教授
谷口　信和

はじめに

「基本法見直しの真髄とは何か」という大げさなテーマを掲げましたが、真意は基本法の「見直し」って何だろうかということです。以前の農業基本法から食料・農業・農村基本法に代わったとき、やはり「見直し」という言葉が使われました。結果的には、新法になりましたが、今回はどうなるのかということがはっきりしないまま、見直しという言葉が、どうやら部分的な修正をするという意味で話が進んでいるようです。新法という考え方はほとんどないのではないか。それでは甘いのではないでしょうか。

現在の日本農業を巡る状況は非常に深刻で、おそらく、本当に崖っぷちに近い状態にあります。

そういう危機意識からすれば、法律の制定によって少しでも農業の現場にプラスの影響を与えて、いい方向に変わってもらわないかぎり、現場の農業生産者や消費者にとっていい状態に日本農業を変えるために研究を始めたという私の初志に合わなくなります。今日はそういった観点からお話しします。そのために、やや大きな枠組みについてお話しすることにします。

基本法の新たな姿とは

新たな基本法の土台にはまず、みどりの食料システムがあって、四本柱の基本理念があり、その上に、食料安全保障という屋根があります。この屋根の上にある棟木の指標になるものが総合食料自給率です。こういうかたちで新たな基本法体系の骨格ができていればいいのではないでしょうか。個々の構成部分については、いろいろ議論があると思いますが、食料安全保障と総合食料自給率が明確になれば、それにしたがって、ほかの部分が決まってきます。土台としてみどりの食料システムがあることによって、CO_2の二〇五〇年目標という大枠のなかでしか、われわれは今後の農業のあり方を考えられない時代に入ったんだということが、現段階の最大の特徴です。今まではそこが違うのです。

その上で最大のポイントになるのが、総合食料自給率の向上に本格的に取り組むことを改めて宣言することです。それには、今回は「やりますよ」という真剣な決意が誰にも感じられる、そういう格調の高い文言で宣言して欲しいと思います。そして、目指すべきは、総合的な食料安全保障の確立ということです。不測時の事態にどう対応するかということを先に考えるのではなくて、平時の延長線上に不測時の問題があるというのが基本的な立場です。そうすると、指標としては総合食料自給率が基本となります。これまではいろいろな指標を次々に作り出して、国民にとってはよくわからないものになっています。生産者に説明してくださいといっても、だれも答えられないような難しいものになっています。むしろ、単純に、現行の総合食料自給率（カロリーベース）と品目別の自給率（重量ベース）だけで十分だと思います。たとえば牛肉が何キロカロリーといわれるより何トンと説明されるほうがわかりやすいのではないでしょうか。そして、総合食料自給率を二〇三〇年には五〇％に引き上げるというぐらいの構えでないと、このままではおそらく二〇％くらいに下がってしまうのではないかと思っています。二〇四〇年には六〇％くらいの意欲的な目標をたてるくらいのことが必要でしょう。

総合的な食料安全保障を担保する四本柱が、安全な食料の安定供給、生物多様性を含む農業・農村の多面的機能、持続的な循環型農業、持続的な混住農村社会です。これらはいずれも従来とは異なる質的な転換を含んでいますので、部分的な手直しではすまないでしょう。そして、その際のポイントは　川上から川下までの国民的な大運動を目指すことです。つまり、生産者だけが食料安全保障を語っていてもどうしようもなくて、消費者も自分の問題として、食料安全保障を考える。国家独立の基礎として食料安全保障があるということです。したがって、国民が参画できるような仕組みが、基本法見直しのなかで出てくればいいと思っています。

これまでの食料安全保障への関わり方

総合的な食料安全保障という言い方はじつはあちこちに出ていました。二〇一五年の基本計画には、「総合的な食料安全保障」という単語が登場していました。しかし、これは、木に竹を接ぐようなものであって、大きな問題を抱えていました。食料・農業・農村基本法では、安全保障にかかる条文は、不測時にかかる安全保障という言及しかなく、平時の安全保障という考え方はなかったのです。つまり予期せぬたいへんな事態になったときに何とかすることが安全保障だという考え方でした。それに対して、二〇一〇年の民主党政権のもとでつくられた基本計画のなかでは、突然、総合的な食料安全保障という考え方が大事だ、平時の食料供給のシステムがどうなっているかをもっときちんとするべきだということが提案されました。

しかし、短命に終わった民主党政権のあと、安倍政権になって、二〇一五年には、食料自給力指標を取り入れて、自給率とは違う新しい指標を考えていくことが提案されました。そのときのまとめのポンチ絵をよくみると、総合的な食料安全保障の確立が不測時における食料安全保障の枠組のなかに入っています。不測時のなかに総合的なことが入っていて、平時のことはどこにあるのか。

実は、平時の食料の安定的な供給は、日常的な食料自給率の実績と目標のなかで語られているのです。食料自給率とは異なるかたちで、不測時については食料自給力指標でみていきましょうということになりました。つまり、輸入が途絶するようなとき、その時点で国内でどこまで、イモやコメ、コムギでカロリーが供給できるか、そのレベルをみましょうというかたちで提案されました。

なぜこんなことになったかというと、政権が変わったときに、前の政権がやったものは良いものも悪いものも全部否定するというのが、今の日本の政治のやり方だからです。政権が変わると、コロコロ政策が変わってしまいます。しかし、現場の人間は変わらずに継続的に生活しています。成熟した社会では、政権により考え方や立場が違っても、継続すべき内容があるものは、どの政権に移ろうともきちんと継続して取り上げ、それに適切な修正を加えていく、そういう立場が大事です。オール・オア・ナッシングで、過去のものを否定し、新しいものだけでやっていくというのは、現実に生身で生きている人間にとっては、どちらにあわせていけばいいのかがわかりにくくなってしまう。そういうことをしないで、以前のものを踏まえながら発展させましたという形で政策を進めていくことが大事です。

ところで、なぜ、日本では食料安全保障が危惧されているのでしょうか。欧米では、食料安全保障が危惧される状況にはありません。「欧州議会が主張するように、食料安全保障に関する懸念は現状ではない。主要な作物や畜産において、ほぼ自給できているからである。」（石井圭一『日本農業年報68』）とされています。自給できていれば、食料安全保障は基本的には問題にはならないのです。欧州議会で今問題になっているのは、量的にはそう多くはないものの、農業生産資材の輸入問題が新たに登場したことです。ウクライナのヒマワリを搾油したあとの搾りかすが畜産の飼料として使われていて、その輸入が少し減るからです。同じように、魚介類もそうです。飼料、肥料、飼料添加物などが全体として少し不足するため、ＥＵレベルではもっと域内で自給するように切り替えています。

こうした問題に、いち早く反応していたのがフランスでした。アマゾンの熱帯雨林の火災で大豆生産が急速に落ちてきたことをうけて、一〇〇万㌶まで国内の大豆作付面積を増やそうと決定しました。フランスのように高い自給率で、輸出までしている国でも、そういうことを考えているのです。日本の場合は二周三周遅れの対応ではないかと思います。

グローバリゼーションと食料安全保障

今日の世界経済・農業をめぐる基本的な構図は、グローバリゼーションのなかでの、気候危機、コロナ・パンデミック、そして分断と対立の危機としてのウクライナ戦争です。これらを克服していくという態度がどうとられるかがポイントになると思います。そして、今回の食料安全保障の議論の直接の契機はウクライナ戦争です。二月のはじめに自民党の森山裕さんたちが党内の会議に提案した直後に議論が始まりました。ウクライナ戦争自体は昨年二月二四日に侵攻というかたちで始まりましたが、一昨年の秋から、戦争がいつ起きるかという状況でした。

ウクライナ戦争は、新自由主義的なグローバリゼーションの結果・帰結として捉えなければなりません。ウクライナの問題は、アメリカとロシアの対立の構図のように捉えられがちですが、私はアメリカと中国の間の異なるグローバリゼーションがウクライナで交錯した結果として戦争が起きているとみています。その代理戦争をロシアがやっているのです。アメリカの新自由主義的なグローバリゼーションが世界的に展開するなかで、中国のやや権威主義的な要素をもって台頭してきた経済グローバリゼーションがウクライナの地でちょうど交錯したのが今回の事態の裏の側面です。一昨年の七月に、中国の武漢とウクライナのキイウとの間に鉄道貨物の直行便が開通し、第一号の貨車が到着しています。ウクライナ戦争の開始後に中断されていた穀物輸出が本格的に復活する前の四月にいったん再開された船便の行き先は中国でした。輸出できた穀物の四〇％が豚の飼料となるトウモロコシとして中国にいきました。北アフリカへのウクライナからの小麦の輸出が途絶して、パンなどの価格が値上がりして大変だということから、人道問題となり、国連が間に入って交渉し、再開されたものです。こういうかたちで、ウクライナは中国と密接な関係になっていたという現実があります。

先ほどの、グローバリゼーションの構図のなかで、諸問題を解かなければなりません。グローバリゼーションが地球温暖化の問題を起こしていて、そのもとで、コロナ・パンデミックが起き、さらに分断と対立の危機の発現としてウクライナ戦争につながっています。グローバリゼーションがもっているコスト至上主義、儲かればどこで生産してもよい、需要と供給の距離がいくら遠くなっても最終的にコストが一番安くなるように企業を立地させて経済を回していけば、それが人類社会に貢献するというロジックは、今、破綻していることになります。

　したがって、今求められていることは、このグローバリゼーションの問題点をどのように反省するかということになります。日本に即していえば、その入口としてはみどりの食料システム戦略を常に土台において考えざるをえないし、出口としては、ウクライナ戦争の延長線上で食料安全保障が脅かされているとすれば、ヨーロッパの例をみるまでもなく、食料自給率を向上させてきちんとした食料の自給基盤をもつことが必須になるでしょう。その枠組みをつくったうえで、食料分配における分断と対立の克服が課題となるのです。

　今回の基本法見直しの議論のなかで、食料アクセス問題とか買い物難民、貧困者の食品アクセスの問題がＦＡＯの定義をもとにして議論されています。注意を要するのはＦＡＯの定義が二つあることです。ひとつは古い定義で、輸入と国内生産が同等に取り上げられていて、しかも、輸入にはかっこがついていて、食料援助を含むとし、「国内生産もしくは輸入によって、食料の供給を図る」とされています。そこへのアクセスがどうなるかということが、次の議論になるわけです。この貧困な国々を対象としたところで提案されている食品アクセス問題の定義を農水省が採用して、この線上で今回の議論をしています。そもそも国内生産か輸入かという対立はありえないのです。国内生産と輸入の組合せで安定供給を図るべきなのです。ところが、国内生産か輸入かとなっていて、しかも輸入にかっこがついていて、食料援助を含むとあるように、これは途上国と先進国の対立の構図のなかで行われてきた議論です。貧困者が多い途上国に食料の援助あるいは輸入で食料が供給されたとしても、国民のすべてが手に取れるわけではないので、アクセスの問題をもっときちんとやらなければいけないというロジックなんです。

ＦＡＯのいっているもう一つの定義は、国内生産と輸入と備蓄の三つを適切に組み合わせて食料の安定供給を図るというものです。食料アクセス問題が今回の新しいテーマのようにいわれていますが、それは順番が違うのではないかと思います。子ども食堂にわたすことが十分にできるためには、国内にきちんと食料が供給されていなければなりません。

食料安全保障強化政策大綱の位置づけ

去年（二〇二二）の一二月二七日、食料安全保障強化政策大綱がでて、政府としての方針が決まりました。その冒頭で、食料・農業・農村基本法の見直しについて触れた箇所で、現行「基本法制定時に想定されなかった事態の発生」と書いてあります。食料安全保障上のリスク、生産者の減少・高齢化、世界的な食料情勢の変化、気候変動に伴ういろいろな問題と人口減少下における国内市場の縮小などが指摘されています。しかし、これらは、最近になって突然でてきたことではありません。人口問題は、四〇年前から二〇〇〇年代中盤頃には人口が減り出すといわれてきました。

食料安全保障についていえば、今村奈良臣先生が翻訳された「誰が中国を養うか」（レスター・ブラウン）という本が話題になったのが一九九四年頃です。その頃、中国は急速に経済力をつけてきて、たくさんのものを食べ始め、中国は自力で食料供給できるのか、外国からたくさんの食料を輸入するのではないかと、大きな話題になっていました。その議論を日本でみていると、同じことが将来問題になることは誰でもわかることです。現在、見直しが必要だといっていますが、それ自体はそれほど新しいことではなく、どこの時点で気が付いたかということはあるにしても、むしろこれまでに対応してこなかったことのほうが問題です。

そのうえで、新しい資本主義の下での農林水産政策の四本柱が掲げられています。一が食料安全保障の強化、二がスマート農林水産業による成長産業化、三が農林水産物・食品の輸出、そして四が農林水産業のグリーン化です。しかし、この四本柱をつないだものがどういうものなのかが、あまりよくみえてきません。統一的な政策体系になっていないのではないかと思えます。なによりも、食料安全保障のカギとなる総合食料自給率という単語はどこにもでてきません。ここに大きな欠陥があると思います。

アベノミクス農政の認識と現実のズレ

少子化・高齢化による胃袋の縮小→国内農産物市場の縮小→国際農産物市場の拡大に対応した輸出志向型国内農業発展コース→低賃金外国人労働力に依拠した規模拡大と法人化によるコストダウンを通じた輸出農産物の低価格化→農産物の輸出拡大を通じた国内農業生産の拡大→食料自給率の向上というロジックで、アベノミクス農政は二〇一二年以降ずっと走ってきました。しかし、現実はそうではありませんでした。

国内消費仕向量、つまり国内生産と輸入と在庫などから国内へ仕向けられたものを、二〇〇〇年度を一〇〇として指数化してみました。総人口はわずかな変化しかありませんが、豚肉をはじめとした肉類などの畜産物は人口の推移とは関係なく増加基調で推移しています。つまり、総人口の伸びで農産物市場が決まっているのではなくて、一人当たりの消費量が増加して国内市場が拡大してきたのです。一方、野菜は畜産物と対照的です。二〇〇八年から二〇一〇年ころまでは両者の間にあまり差はなかったのですが、その後は顕著に逆傾向の推移をみせています。なぜかというと、この頃に国内の人口構成が大きく変わったからです。昭和の戦前世代が大幅に減って戦後世代に急速にシフトして、日本の人口構成が変わりました。戦後の高度成長期以降、食生活の変化に対応して育ってきた私のような団塊の世代の人々が、人口の中心になってきました。そういう人たちが食べるものが反映するかたちで国内市場の構造が変わってきたのです。

注目されるのは小麦で、消費増大の要因としてすぐにパン食の拡大を思い浮かべますが、必ずしもそればかりではなくて、消費量が増えた一因は、即席ラーメンの出現ではないでしょうか。もともと、小麦はうどんと日本そばのつなぎに使っていた程度でしたが、ラーメンが社会に定着して消費が急速に増えました。餃子の皮もそうです。おそらく、そういうアジア的なものが大きく食生活に影響したことによると思われます。二〇〇八年くらいから、肉類が増えた一方で、ＢＳＥの影響から牛肉の消費は停滞しました。その後一時急増するのは、アメリカからの輸入再開によります。

トウモロコシは、国内消費仕向量が減ってきていたのが、二〇一三年あたりから増加しだしています。かつて、国内畜産が発展していたときには輸入量が増大していきましたが、輸入畜産物そのものが増えるようになると、国内畜産が縮小するとともに輸入飼料も減少傾向に向かいました。しかし、国内畜産が国内消費に対応して、それなりに勝負できると判断して増産に転じました。そのことの影響が、飼料輸入の再増加に示されています。国内畜産は増大しているのに、それに対応できていないことは大きな問題です。そういう点で、食料安全保障を掲げる基本法の見直しは、食料自給率向上を前面に立てて、畜産物の飼料についても、国内産とすることが大きな枠組みにならざるをえません。お米をたくさんつくって、それを家畜の飼料にしていくべきだと思います。

それでは、転換すべき方向とはどのようなものなのか。少子化・高齢化にもかかわらず畜産物の国内消費量は拡大をみせています。また、大豆や小麦に対する根強い国内需要が存在するとすれば、輸入代替を含む国内畜産業の発展・麦大豆生産等の拡大が求められます。輸入濃厚飼料代替を含む国内濃厚飼料生産の拡大を通じた地域農業における耕畜連携の推進も目指すべき方向でしょう。そして、飼料と堆肥の地域内循環および畜産物をも含む農産物・加工食品の地産地消の拡大を通じた地域循環型経済の実現をめざします。さらに、国内の非正規労働者の正規労働者化と技術革新を通じた企業的農業経営を内包した「多様な担い手」の形成・発展が必要だということです。相対的に高い価格での「有機農産物」の需要・供給関係が、賃金が上がることによって初めて担保されるのです。そうして、カーボンニュートラルに向かった食料自給率向上という流れに変えていくことが、求められているのではないかと思います。

見直しの「見通し」

ところで、現実の基本法の見直しはどうなるかというと、農水省の案で進んでしまうのではないかとみられます。ですから、少しでも批判的な意見を取り入れてもらいたいというのが、私の願望です。気になる点は、バックキャスティング手法に頼りすぎているのではないかということです。こうありたいというところから現実に戻り、それでは今どうすればいいのかを判断しようとしています。世の中というのはそう簡単にはいかないのではないでしょうか。やはり、過去から今日に至る現実を虚心坦懐にみつめ、その延長線上に将来像を描くという選択が初めて可能なのであって、現実をおいて願望を現実に変えるにはどうするかという議論だけではいけないと思います。現実を踏まえた精神主義が大事なのであって、現実を踏まえない精神主義は単なる掛け声になってしまうというのが私の判断です。そういう観点からすると、現在は第二次大戦後の世界史の大転換期にあたります。なのに、基本法の検証作業はどこか牧歌的な印象を受けます。もうちょっと徹底した議論をしてもいいのではないかと思います。真摯な議論ができることが成熟した民主主義社会のベースになると思います。

かつて、一九八九年に合計特殊出生率が一・五八まで下がり、これでは人口は増えないことがわかり、多くの人に衝撃を与えました。一九六六年の丙午のときの一・五七に匹敵する数字でした。この五年後にエンゼルプランが発表され、人口を増やしていくためにいろいろな対策が掲げられました。しかし、実態はほとんど改善されてはこなかったわけです。同じことが食料自給率についてもいえます。一九八九年、農林水産省はそれまでは生産額ベースでの食料自給率しか発表してこなかったのに、初めてカロリーベースの統計をつくり、五〇%を割ったと公表しました。人口問題とまったく同じです。さらに、二〇二二年には、出生数が八〇万人割れとなり、人口統計を開始してから初めて八〇万人を割ってしまいました。同じことが、ウクライナ戦争に伴う食料危機についてもいえます。今になって急に問題が起きたわけではなく、この間、われわれは何をしてきたのかが問われると思います。

見直しの論点1　現行基本法の検証

論点一は、なぜ現行基本法が機能しなかったのかという観点から見直す必要があるということです。一九六一年制定の農業基本法、九九年制定の食料・農業・農村基本法、そして今度は新法なのかどうかわかりませんが、ここでは、新法のつもりで考えました。

一九六一年から一〇年後の七二〜七三年に、食料危機が起こりました。ソ連による大量穀物買い付けがあり、国際価格が倍になりました。このときの、穀物在庫率がFAO発表で一六・九％となり、これが今でも食料危機のメルクマールとなる在庫水準となっています。その一〇年後にECは穀物輸出地域に転換しました。それまでの一〇〇年間、西ヨーロッパはロシアや新大陸から大量の穀物を輸入していました。そして一九八六年にガット・ウルグアイラウンドが立ち上がりますが、ウルグアイラウンドは、アメリカを中心とする輸出国と輸出国として登場したEUによる穀物輸出補助金の対抗問題を軸として展開していきます。この時点で、EUは、食料の安全保障を確保しておかないと、ヨーロッパは再び戦火に巻き込まれる危険性があると考えていました。そういうことを常に考えながら、共通農業政策を実施してきたのです。

一九六一年の農業基本法が機能しなかった理由として指摘しておきたいのは、理念法、恒久法、憲法などという言い方に農業界は酔ってしまっていたのではないかということです。しかし、ほんとうは、経済法あるいは時限法として、弾力的な改正を義務付けるべきでした。経済というのは、いつまでも理念で動くものではありません。かつて、日本農業年報の座談会で、元農林水産事務次官だった沢邉守さんは「農業基本法は制定後一〇年して、ほとんど政策誘導の機能を喪失した。役人・政治家も事実上農基法を無視して政策論議を進めた」「基本法があるからどうこうという議論は、国会ではされた覚えがない」と発言されていました。結局、神棚に祀り上げられてしまったということで、それとは無関係に現実の政策は実施されることになったというのです。

基本法を乗り越えてしまった現実とは、食生活の欧米化の予想以上の進展、地価上昇による農地流動化の形態の転換です。北海道は別にして、都府県では所有権移動が進まず、賃貸借による農地流動化が進んだことです。これは、基本法の理念とは全く違っていました。さらに、兼業所得によって農家所得が都市世帯の所得と均衡してしまったので、かつてのように、農家所得を上げようという議論が盛り上がらなくなりました。本来は、そうした状況のなかで、それに対応した議論がなされなければならなかったのですが、基本法は一度も改正されずに、一九九九年に歴史的な使命を終えました。

農業基本法が、食料・農業・農村基本法になっても同じで、これまでに一度も本質的な改正がされていません。日本の憲法が典型ですが、改正しないことが正しいことのようになってしまっています。たとえば、憲法では「婚姻は、両性の合意のみに基づいて成立」するとされています。しかし、ＬＧＢＴの存在が社会的に認められるようになった今日では「両性」とは何を指すのかが問題であり、憲法を変えざるをえなくなっています。この点一つをとっても、国民的な議論を起して、国民投票を行い、憲法を変えるか否かを決めることが大切です。日本の場合、残念ながら、憲法はなにがなんでも変えてはいけないという風潮が強く、身動きが取れない現実が存在しています。しかし、とくに経済に関わることについては、柔軟な対応が必要だろうと思います。

ＢＳＥ問題が発生したとき、ドイツは農林水産省の名前を変えて、冒頭に「消費者保護」を冠しました。それほど、ＢＳＥの衝撃は大きかったわけです。したがって、日本でも二〇〇一年にＢＳＥが発生した時には食料・農業・農村基本法における「食料の安定供給」という文言は「安全な食料の安定供給」に改正すべきだったのであって、食品安全基本法をつくったことと同じ重要性をもって、基本法の理念の表現を変えなければいけないと思っています。基本法そのものに、そもそも「安全な食料」という用語がありません。食料は安全だということが前提となっていた時代が変わったということであれば、それが必要だと考えます。

民主党政権の下で行われた戸別所得補償は、規模に関係なく、一〇アールあたり一万五千円の岩盤所得補償をするというものでした。これも、実は、基本法とは異なる政策体系の導入でした。民主党政権でも、基本法を変えるわけにはいかなかったのでしょう。とにかく早く導入するということが先にたっていたのかもしれません。しかし、考え方としては、基本法を変えてきちんとやるということにしないと、法律をつくってもそんなものは守らなくてもいいということになりかねません。

現行基本法の基本計画は、かつての農業基本法の過ちを繰り返さないために、五年ごとに計画・つまり政策を見直しましょうというものです。しかし、五年ごとに判で押したように世の中が変わっているわけではありません。基本法をつくった二年後にはＢＳＥが発生しました。そのときにあわせて、基本法も必要な文言を変えなければならなかったのです。そういう意味では、情勢にかかわらず五年ごとに計画をつくることは、情勢を無視しているともいえます。

　これまでの二つの基本法と今度の基本法に共通の出来事は、制定の前後に食料危機・石油危機が発生していることです。しかし、食料安保への対応は今回が初めてです。今回、自民党から食料安保の問題提起がでてきたことは高く評価しています。ただ問題は、これまでの政策をきちんと反省しているかどうかということです。農政は本気で食料自給率の向上には取り組んできませんでした。これは、やむをえなかった面もあります。先ほど食料供給の中身が変わってきたという話をしましたが、一九六四年から二〇一〇年までの四七年間、貿易黒字がずっと続いていて、金があるから安い食料を輸入すればいいという思想から脱却できませんでした。しかし、食料・農業・農村基本法は、新自由主義的な傾向と多面的機能論の立場が折衷するかたちで制定されたものの、基本的には前者が中心でした。二〇〇八年の世界食料危機を経験し、二〇一〇年にはＧＤＰが中国に抜かれ、貿易赤字に転落しましたので、かつてのようなロジックは通用しなくなったのです。こうした状況を前提にしなければならないでしょう。

理念と経済の接点で農業は動いていて、経済・社会の発展に伴って食生活が変化することを前提とすれば、経済法としての性格を明確に位置づけることが必要です。そのためには、三段階の法体系が必要になると考えます。

まず、理念法の側面が前面に出たかたちでの経済法としての基本法を考える必要があります。ただし、これには、必要に応じた改正をきちんと謳う必要があります。法律の文言のなかに、きちんとそういう条文をいれておいたほうがいいのではないかと思います。情勢が変わった場合には、法律を変える、それくらいのことをしてもいいのではないか。フランスやアメリカでは時限法になっているので、最初からそれが謳われています。時限法にできないとしても、変えることを謳う必要があるでしょう。

二番目は、実施政策体系としての基本計画を五年ごとに決めるのではなくて、経済の性格からは六〜八年くらいに長くしたほうがいいのではないかと考えます。固定資産の減価償却を念頭に投資を考えていくうえで、五年は少し短いのではないでしょうか。かといって一〇年は長いでしょう。ＥＵの共通農業政策の体系の期間は長く、一〇年〜一二年です。たとえば、ドイツの農業は耕地利用がだいたい一〇年から一二年の輪作なので、こうした状況に対応した期間が意識されているのではないかと思っています。そのような土地利用を背景にして、政策体系を考えることもありえます。ただし、日本の場合は、そうした理由は必ずしも明瞭ではありません。米は連作ができるので、何年輪作という思考はあまりありませんので。つまり、そのくらい先のことを見据えて、投資しようと考えている人、新規参入するかどうかを考えられるような政策期間とすべきでしょう。

そして三番目に、単年度を基本とした予算編成です。その結果、毎年度の国会審議を通じて、内容が評価されていくことになります。そこで、農業白書にぜひ政策チェック機能をもたせて、独立性を強めた審議会での承認を求め、国会に報告義務を課すことが必要だと思います。現在、白書は国会に提出することは義務付けられていますが、項目については決められていません。ある意味では、農林水産省が好きに書いていい状態となっています。それでは、政策をチェックしようがありません。自給率目標を明示して、それが達成できたかどうか、なぜできなかったのかを毎年チェックしていくくらいの気迫でないと、とても自給率目標の達成などはできません。

論点2　みどりの食料システム戦略の核心とは

みどりの食料システム戦略（みどり戦略）の核心は自給率向上で、それが日本的な課題です。ヨーロッパではすでに高い自給率が達成されたうえで、CO_2削減問題や地球温暖化対応問題がでてきているのです。これに対して日本は、自給率が低いなかで、そういう課題に直面しています。日本は、食料自給率を上げると同時に、みどり戦略に基づいた農業に変えていかなければならないのです。生産資材価格の高騰問題が重要な政策課題になっていますが、飼料・肥料はできるだけ自給生産に切り替えようということですから、これはまさに自給率の引き上げにつながっていくわけです。みどり戦略の肝は、実は食料自給率の向上だということを理解するのが最も大事な点です。

今のところ、農林水産省の資料では、もっぱら国内の農業生産で発生するCO_2をいかに削減するかという課題が取り上げられています。しかし、実はCO_2の排出量が最も大きいのは、輸入農産物です。食料の六〇%を輸入しているわけですから、その部分のCO_2排出削減に、日本がどう関与していくかが大事です。飼料用トウモロコシを帯広で生産して、畜産農家が使った場合と、アメリカから輸入したトウモロコシを使った場合とで、排出されるCO_2を比較すると、国産のほうが少なくなるという研究データがあります。なぜなら、海上輸送によって大量のCO_2が排出されるからです。ニューオリンズからパナマ運河を経由し、太平洋を横断して輸送してくるトウモロコシのCO_2排出量は莫大です。これを減らして、国内で生産していくことにすれば、地球温暖化に対する最大の貢献になります。このことを忘れて、国内でつくっているものだけについて議論をしても、あまりにも視野が狭いのではないかと思います。かつて、フードマイレージといわれた問題は、今日のCO_2排出削減問題として考えると非常に重要な論点になるだろうと思います。

こう考えると、「みどり戦略」の成否は、耕畜連携に基づく地産地消の循環型地域農業の構築がカギになります。ここでもまた、輸送距離を短縮することが重要になってきます。飼料用米も遠くまで運ぶのではなく、畜産農家と耕種農家ができるだけ近いところで籾で結びつくことが大切です。

CO_2をなるべく出さないという観点からは、そういうことが重要になります。基本法はそういうことを土台にしなければなりませんから、「みどり戦略」は当然組み込まれるべきでしょう。また、今のように基本法に基づく基本計画とは別に、「みどりの食料システム法」では国が基本方針を、都道府県などが基本計画を策定していますが、これらは一体的にすべきだと思います。

論点3　平時の食料安全保障

新たな基本法の目標は食料安全保障の確立ですが、平時の食料安全保障の視点と食品へのアクセス困難者への視点の追加が、今回のポイントです。私なりに総合的な食料安全保障論を整理して提案すると以下のようになります。平時の食料安全保障は、平時において国民が安心して食生活を送れるように国内農業生産に基づく食料自給率を国民が納得できる水準に維持することを基本とします。これに、国産と輸入の農産物・食品から形成される備蓄および輸入を組み合わせて食料の安定供給が実現されます。重要な点は備蓄が輸入農産物・食品から構築されるだけでなく、国産農産物・食品からも構築されるとしたことです。文言上は、従来のものと余り変わらないようにみえますが、従来は備蓄の中味が明確でないまま、繰り返して使われてきました。平時には供給に重点がおかれますが、不測時には分配に重点がおかれます。不測時に備えた対策を国内農業生産・備蓄・輸入の全分野にわたって平常時から構築し、それを実践する手順までの具体化を図ることを基本とします。

さらに、飼料・化学肥料・農薬等の農業生産資材の安定的調達と自給率向上を図ります。これも供給の問題です。そして、食料へのアクセスに困難を抱える社会的弱者・地域等への配慮も必要です。これは分配の問題です。これら全体で、広義の総合的な食料安全保障が達成できます。平時と不測時の食料供給をしっかりやることを前提にして議論しないといけないと思います。はじめから、肥料は自給できるはずもないと乱暴な議論をするのではなくて、できることから一歩一歩やっていくことが重要です。

論点4　総合食料自給率

食料安全保障の指標として、平時には今のカロリーベースの総合食料自給率で十分だと思います。不測時の指標として食料自給力指標が考えられました。しかし、たとえば、不測時にはイモを食べれば大丈夫だといわれますが、それを自給率に置き換えてみると、何とか自給できるという印象にしかなりません。しかし、実際には畜産物をたくさん食べているので、それでは不十分です。九三年には食料自給率が落ち込みましたが、これは平成の米騒動があった年です。米の作況指数が七四となり、タイ米を緊急輸入しました。こういう事態は、先の二つの指標（食料自給力を自給率に置き換えた指標）ではまったく表現されません。危険を知らせるものが指標と考えれば、いつでも安心な数値がでるものでは意味がありません。米の輸入をしたとき、自給率は下がりましたが、その後すぐに戻りました。しかし、お米から小麦に消費が移行し、米の消費激減につながっていきました。自給率が上がるかたちになったのは、お米が余る状態が続いたからにすぎません。いずれにしても、自給率指標としては今までのもので十分だと考えます。

論点5　国民的運動の必要性と備蓄の意義

まず備蓄の考え方について、検証部会で示された資料について言及します。

そこでの備蓄の考え方をみると、米は国産とし、小麦等飼料穀物は輸入をベースにして備蓄を考えるとされています。この考え方が違うのだと思います。今までは、備蓄は輸入したものをどう備蓄するかというロジックで考えられており、国産のものを備蓄するという考え方はありませんでした。また、こうも書いてあります。「小麦等はすでに契約を終了し海上輸送中の輸入小麦の量は二か月分程度あり、これは備蓄に含まれる」。今は日本にはないけれども、輸送中なので、その分を引いて、国内には残りの二・三か月分があればいいという発想です。非常事態があったときに、来るかどうかわからないものを備蓄といっていいのでしょうか。結局、輸入の枠内での発想なのです。

一九六八年くらいから米が過剰になってきて、七〇年代はずっと一千万トン近い在庫を抱えたことがあります。これは、あくまで「在庫」です。在庫というのは、つくったけれども消費できなくて残ってしまったものです。一方、何かのために備えておくのが備蓄です。食料供給が危険な状態になったときにたいへんだから備えておくのが備蓄です。米について、備蓄という考え方が導入されたのは、一九九五年の新食糧法の施行時で、そのとき一〇〇万トンを備蓄することになりました。それは、九三年の米騒動を踏まえてのものでした。在庫ではなく備蓄という考え方にたって、非常のときのためにとっておきましょうという考えが導入されました。しかし、今の時点に至っても、輸送途中のものまで含めて考えているのです。この点で、私は大きな問題があると考えています。

国民的運動として食料自給率の向上を考えるうえでは、備蓄政策の転換をする必要があります。そこで私が提案したいのは、フェーズフリーの農産物・食品備蓄方式の広範な採用です。防災関係ではフェーズフリーが取り入れられ、災害時と平常時を区別していません。かつてのように、乾パンを備蓄しておきましょうということではなくて、普段でも食べられる食品をとっておくようになりました。そのように、フェーズが変わっても同様に使える、つまり平常時でも非常時でも同じように食べられる食品を備蓄することが、備蓄の新しい考え方です。したがって、回転備蓄あるいは流通在庫的な備蓄であり、自分の家にたくさんもっておきましょうということです。そうして、国民が少しずつ備蓄をもてば、メーカーが倉庫に保管しなくてもすむわけです。昔の日本では二か月分の米の在庫を消費者はもっていて、それが米櫃の大きさを決めていたそうです。今こそ、そういう考え方が大事ではないのでしょうか。

備蓄にあたっては、日常の活動空間のなかに多数の倉庫を設ける必要があります。国が支援してマンション内に倉庫をつくってもいいし、家庭、学校、会社、公共施設、子ども食堂、NPO法人の活動拠点、直売所、道の駅、コンビニ、スーパーなど、あらゆる場所に設けて、いざというときに備えておくのです。こんな報道もありました。子ども食堂では、一〇〇人分くらいの炊き出しがいつでもできる能力があるといいます。たくさんの備蓄品があっても、それ調理するノウハウがないとうまく使えません。子ども食堂ではそのノウハウをもっているので、企業やフードバンクと連携しているそうです。そのように、日常的な備蓄がすでに動いているのです。このように、ひとりひとりの国民が、備蓄が必要だと思うこと自体が、食料安全保障の一番のベースになっていくのではないかと思います。

備蓄と消費が連続しているのですから、形が揃ったものばかりでなくていいわけです。玄米流通の拡大を通じた消費段階での少量今摺り米の振興を図るべきです。たくさんの精米機を設置して、玄米で流通させ、ぬかは家の鉢植えなどの肥料に使ってもらいましょう。今までとは違う消費スタイル、ライフスタイルに備蓄をうまくつないでいくことが大事なのではないでしょうか。備蓄のあり方に規定された、流通方式、生産方式と転換していくことにも意味があるのではないかと思います。

論点6　みどり戦略における飼料用米

「みどり戦略」では、飼料用米の役割・意義をぜひ位置づけてほしいと思っています。飼料米の意義には、食料安全保障や日本型畜産の構築、輪作体系における連作障害回避、温暖化による豪雨災害の防止などが考えられますが、日本の場合、地球温暖化対応に関しては、ヨーロッパやアメリカとは違う要素があることを強調したいと思います。それは、日本は周りを海で囲まれている島国であるということです。地球温暖化の最大の問題は、海水面の温度上昇で、それによって雨のもとになる水蒸気が増えています。その雨への対応を考えるのが、日本の地球温暖化対策の中心になり、そのもとで、日本農業を考えていかなければなりません。畑作化するのではなくて、雨が降っても対応できる農業を国内でどうきちんと備えていくか、そしてそれが防災とどうつながっていくかということを、本格的に考えなければいけないだろうと思います。

その観点で、国内の中山間地域の耕作方法について、専門家に研究してほしいことがあります。それは、アメリカのコントゥア・ファーミング（等高線耕作）です。この耕作方式は日本ではあまり発達していないような気がします。中山間地域の棚田は、同じ高さのところに田んぼが横につながっていますが、みんな小さい区画です。それらを一つにつなげれば、トラクターも入れるのではないか。条件にもよるでしょうが、地域によっては可能なところも少なくないと思われます。もっと効率的な耕作ができるような工夫が必要です。棚田を守ることだけを強調していても、高齢化や機械が入らないため放棄されるところも少なくありません。スマート農業を活用し、中山間地域の農地を効率的に利用できる仕組みをもっと研究していくことが必要です。それが、地球温暖化対策とも連動していくのではないかと思っています。

飼料用米の品種をみていくと、当初開発された高単収の品種が今も使われているわけではなさそうです。モミロマンは最近あまり評判がよくなくて、北陸一九三号にシフトしています。地域によって、気象・自然条件にあっている品種とそうでない品種が、非常に細かく分かれています。飼料用米の品種数は、主食用米の品種数に比べれば非常に少ないでしょう。地域的条件にあった安定した単収と高栄養価を実現できる品種開発が必要です。飼料用米より主食用米の方が栄養価は高いという現実がまだありそうです。また、圃場からの搬出段階で脱粒してしまうという脱粒性が高いという問題もあります。これらの問題を克服できる専用品種の開発をもっと本格的にやってもいいのではないかと思います。アメリカはトウモロコシの単収一トンを実現していますが、それはほとんどが遺伝子組み換え技術の上に成り立っています。ヨーロッパの場合は基本的に遺伝子組み換えを使っていないはずですが、オランダでは一トンを実現していて、品種開発の効果ではないかと思われます。日本でももっと飼料用米の品種開発をするべきでしょう。

論点7　国民参加による自給率向上

国民参加にとって一番大事なことは、徹底した地産地消運動と農業参加です。そして、耕作放棄地の解消にボランティアを活用することも大事です。耕畜連携を通じた地域循環型農業の実現を目指さなければなりません。

二〇〇六年、私は、神奈川県の都市農業推進条例の作成に参加しました。二〇一五年に成立した都市農業基本法よりはるか前に、神奈川県では、県民は県内の農産物を消費する地産地消に参加するだけでなく、農業にも参加することを責務にしました。県民がその責務に応じる以上、県は、農業をやりたいという市民がいれば、それに応えなければいけません。そこで、農地法の枠組みのなかで市民による農地の借り入れに道筋をつけました。食料消費構造が転換して、農業の担い手問題が深刻化する時期に、たまたま神奈川県でそのような仕事をさせていただきました。神奈川県は、ほかの農業県からみればたいしたことはないかもしれませんが、一〇アール当たりの農業産出額は全国で三七位くらいには入っています。今後は、都市農業も含めて、多様な農業の可能性を開いていくことが大事になっていくでしょう。

これまで私が述べてきた課題と目標を明確にしたうえで、それだけのことをするには、どこにどれだけの農地とどういう生産者が必要で、どういうものをつくるのかを、基本計画で明確にして欲しいと考えています。それがきちんとできれば、困難な状況に立ち向かって、一歩でも前進する可能性はあるのではないか。そうして、アジア・モンスーン水田農業地帯でも自給率を向上させていく可能性があるというモデルを世界に提示することができ、工業製品だけではない分野で、日本の力をみせることができることに貢献できるのではないかと思っています。福沢諭吉は「アジアから出てヨーロッパに入る」という言い方をしましたが、もう一回日本はヨーロッパから学んでアジアに入るという、新しい課題を掲げることができるのではないかと思っています。

（たにぐち　のぶかず）

〈質　疑〉

――消費者を含んだ国民的運動が必要という意味では、女性の役割について、目に見えるかたちで書き入れることが大事ではないでしょうか。

谷口　神奈川県の条例をつくったプロセスでは、実はトイレの問題が最初の問題でした。耕作放棄地を県が借り上げて市民に貸し出すわけですが、農地の近くにトイレがありません。それが、とくに女性にとっては課題でした。農地法の規定では、簡易でも固定式のトイレは設置することができません。そこが解消されないかぎり、国民参加の農業は実現できません。とくに農業にはそういう部分が多い。農業・農村でそうした部分が変わらない限り、日本社会の女性に対する見方や構造は変わらないと思います。そういう意味では、農村が変わることがカギになります。備蓄についても同じことがいえますし、子ども食堂についても、男性よりも女性の方が頑張っていると思います。それが新しい社会のあり方を示していると思います。子ども食堂では、高齢者の男性が手伝っている風景をけっこうみます。そうして、地域社会の再構成ができているのだと思います。女性が頑張っていくと、男性がついていくというふうに農村もならなければいけないのですが、まだ著しく遅れています。自給率を上げるには、女性の手を借りなければできるわけがありません。そういうふうに議論をたてなければいけません。しかし今、自給率の目標を何％とはっきり出さないまま、何となく、これもあれもという議論がされているような気がします。中山間地域の耕作放棄地が問題になっていますが、その議論も同じで、このままではとても解消はできません。どの部分を誰がやるのかという具体的な議論をして、毎年の計画に落とし込んでいくことが必要です。そうして、白書や国会でチェックしてほしい。

――国民全体で食料安全保障を考えるという意味では、農業者だけでなく消費者もその担い手となるのだと思います。そうしたことを法律に書き込むことは可能なのでしょうか。

谷口　市民農園法が典型ですが、日本の場合、なぜ市民参加が進まないかというと、自治体がもっている農地が少ないことが背景にあります。たとえばドイツは、共同体としての地方自治体がもっている農地が多くあります。歴史的な経緯から、教会も農地をもって自立しています。ワインやビールは教会でつくってきました。同じように自治体も農地をもっていて、それが近代以降は市民農園などに供されています。そうした農地は日本には少なく、あっても山林です。また、ドイツでは鉄道の空き地やアウトバーン（高速道路）の法面に市民農園をつくっています。ところで、今の日本の都市では、自分の家の前にゴミが落ちていると、自分で拾わないでまず区役所に連絡するそうです。農村であれば、自分でやるでしょう。つまり、自治がなくなって、「お上」がやる仕事という意識になっているのです。日本では、まず市民が農業に乗り出すことのできる土地が少ない。ただ、相続税の支払いのために農地が物納されている地域が多くなっているようなので、これを活用しない手はないでしょう。行政が、宅地の跡や農地を交換分合して、農地としてまとめてほしい。道路脇の木の根元に花を植えているところをよくみますが、それは多くのところで自治体が業者に委託しているそうです。本来は、地域の人に任せるべきでしょう。農業も同じで、自分がどう関与できるかを意識すべきです。それには、国が提案をしてもいいし、研究者が力になってもいいでしょう。日本では、自治の考え方をもっともっと進め、その延長線上で、食料の確保・備蓄ができるようにする。そうすれば、子供の将来に対する考え方も変わってくるかもしれません。そうした考えは、学校教育のなかにもっと入ってきてもいいと思っています。地域社会を大事にして、国土を自分たちが維持していく感覚を大事にしてほしい。その重要なものとして、農業がある。農業はものすごく可能性があるのです。大学で教えていたときに、学生によく言ったことがあります。君たちは農業をやった経験がほとんどないまま農業経済学を学んでいるけれど、なぜ農業が弱小産業になってしまったかというと、農業をちょっとやってみればわかる。自分が思った通りに収穫できた年なんてほとんどない。一生懸命育てても、収穫直前に台風が来て、全部だめになることもある。農業はそういうことを学ぶ機会にもなります。食べ物がこういうふうにできるということを知ることによって、社会や人間への見方が深まります。美味しいというだけでなく、その向こう側の話を、学校の先生ができなければいけません。しかし今、先生方はそれを学ぶだけの余裕がありません。先生方に農業を体験してもらうことを、もっと国が推進しなければならないと思います。

――自給率の向上には生産の増加が求められますが、生産を上げるために化石燃料を消費するため、地球環境への負荷は上がるのではないでしょうか。

谷口　たとえば放牧酪農の場合でも、自然に生えている草をそのまま使うという枠組みでのみ考えるのか、品種開発によって、日本の風土に見合った新しい雑草を考えていくのかという違いがあります。専用の牧草品種の種を撒くことばかり考えるのではなく、そういう考え方もあっていいのではないか。歴史的にみると酪農が発達してきた地域は基本的には耕境外です。ヨーロッパの草地の地図をみると、そのほとんどが高山か川沿いの湿地です。ヨーロッパでは、雪解けによる湿気が問題になるので、そういうところは畑作に向きません。そもそもは自然に生えていたものを採草して食べさせていたところから、種を蒔いて牧草として栽培するようになりました。日本の場合、欧米で開発された方法に学んで、酪農・畜産を発展させようとしていますが、日本の条件に見合った酪農・畜産の研究は余り盛んではありません。また、草による被覆で地面・農地を保全するという技術がもともとあるのに、その研究も十分にされてはいないと思います。食料生産を上げるには、日本の場合、一番問題なのが人糞尿や下水汚泥です。これまで、それらは垂れ流していました。ある時までは循環利用をやっていたものの、水田ではなくて野菜作への利用でした。これを、耕種部門の基幹である水田農業にもっと導入していかなければならない。そうなって初めて、大面積での循環型農業が実現できます。

そこで重要なのが、家畜の糞尿です。とくに、多くの畜産飼料は穀物に依存していますので、糞尿を耕種農業に戻してやらなければならない。そうして肥料を自給していく方向に切り替えていけば、化石燃料を多く使う方向だけにはいかないのではないかと思います。とくに、大家畜畜産においては、放牧をもっと高く位置づけて、除草剤の使用や機械除草をやめて、家畜に食べてもらうという方向に切り替えていくことも必要ではないでしょうか。耕作放棄地の復旧にあたって、一番有効なのは、和牛やヤギ・ヒツジなどの放牧です。濃厚飼料を食べなくても生きていける中小家畜の導入も考えられます。そういうふうに、道はもっとあるのですが、あまり対応できていないように思えます。

―― 基本法は省庁横断的な対応が必要だと思いますが、いかがでしょうか。

谷口 日本人が日本人としての誇りをもつときの、ひとつの重要な要素として、自然との関係において四季が明瞭な国であることがあげられると思います。自然との関係を非常に重視して、文化を紡ぎだしてきたといえます。それをどう考えるかがポイントだろうと思います。その観点からみると、農業は一番重要なベーシックな産業として位置づけられます。そのことを教育のなかで、どこまできちんと伝えてきたのか、今後も伝えていけるのかということが最も重要です。最近ではそうではないものもかなり増えてきましたが、日本のグルメ番組の典型は食べて美味しいかどうかだけを問題にしてきました。食べて美味しいものが、どういうプロセスで作られており、どういう人々の手を経て自分のもとにきて、それをどう頂戴しているのかを丁寧に伝えている番組は決して多くはありません。プロセスを含めて、食を味わい楽しむというふうに切り替えていかなければなりません。かつての貧しかった時代には、日本人は上手にそれをやってきたようです。

そうしたことを考えていくと、単に農業の専門家だけではなくて、いろいろな分野の専門家を集めて農業とは何かを考えていくことが大事です。日本の食と農業の奥深さを、われわれ日本人はもっと誇りに思っていいと思います。その点では日本がもっている底力の部分の活用が大事です。国粋主義的な意味ではなくて、科学的にものをみていく力を育てて行く必要があるでしょう。私のような大学を辞めた者を、もっと小学校や中学校に派遣して、話す機会を設けたらどうでしょうか。おそらく、普通の小学校の先生より上手に、奥深さをもって食や農業についての話ができると思います。そういうことをする場がないまま、自分の好きなことだけやっている研究者がいっぱいいるのはもったいないと思います。要するに、農林水産省だけで考えていてはだめだということです。

――今、戦後農政が破綻してきているのだと思います。そうした農政を変えていく必要はないのでしょうか。

谷口　今回の基本法改正で、政策の転換をきちんと謳うべきだと思います。私のロジックは非常に単純で、地球にいいことをするのか悪いことをするのかをはっきりさせるということです。いいことをする方向に切り替えることを基本法は宣言すべきです。それを、農業生産のあり方を含めて宣言するのです。「みどり戦略」はそのほとんどが技術に関わる内容ですので、自給率への示唆はまったくありません。それが欠けているので、基本法と一体化すべきなのです。でも、化石燃料を使ったものはすべてやめましょうということになるでしょうか。自動車を使うのをやめて自転車にしますか。しかし自転車をつくる金属を製造するためにCO_2を出しています。そう考えると、きりがありません。一方で、二〇五〇年目標との関わりで、温暖化の進行を阻止しなければなりません。まずは、これ以上は温暖化を進行させないという目標です。カーボンニュートラルも冷静に考えるとそう難しくはありません。木を植えれば木を燃やしてもいいわけです。そう考えていくと、まったく困難だというわけではなくて、CO_2を排出した分は必ず植林などで返していけばいいわけです。しかし一番影響が大きく、実施が困難なのは輸送です。ローカルなものを最大限に活かしたうえで、グローバルなものを活用すべきで、グローバルがすべてダメだというわけではありません。我々人間がグローバルに活動すること自体が悪いのではなくて、今までの行動の仕方に問題があったということに議論の余地があるのです。

――「みどりの食料システム」が土台になるといわれますが、それとスマート農業の評価はどうお考えになりますか。

谷口　スマート農業が有効な例をあげます。S県の事例ですが、ブロッコリーの栽培で、これまでは、今日はこの畑一枚全体を収穫するという計画をたてて収穫していました。しかし一枚の畑のブロッコリーはひとつひとつの株ごとに成熟度合いが異なります。「その畑を収穫」すると、収穫適期のものもそうでないものも一緒に収穫されてしまいます。そうすると、どうしても選果・調整作業が必要となり、出荷規格に合わないものが出てきますので、それは廃棄対象になってしまいます。収穫のために投入したエネルギーの一部も無駄になります。つまり、廃棄ロスと商品にまわせないことによる投下労働のロスがでるわけです。化石燃料の使用にもロスがでてきます。そこでドローンを使って、上空から写真を撮り、圃場の中のどのブロッコリーが収穫適期なのかを把握したうえで、スマートフォンを利用しながら収穫することが可能になったそうです。その結果、収穫したブロッコリーの全量がほぼ商品化され、ロスがでなくなりました。こういった技術の利用の仕方がありうるのです。

また、法面で転倒しないような除草機が開発されれば、本田に雑草の種子が入らないので、防除に使用する薬剤も少なくて済むようになります。カバークロップを法面に播種できる機械ができることによって本田が活かされて、メタンガスがでないかたちで維持できるようになれば、環境にプラスになります。

スマート農業一般がだめなのではなくて、スマート農業にはどういう課題があるのかを考えて、適切な付き合い方をしていくことが大事ではないかと思います。本来的にいえば、技術というのは、投下するエネルギーが少なくて、よりよい結果をださなければいけないのですが、実態的にはスマート農業用の機械を作る過程でエネルギーを多く使ってしまっています。しかし、使い方によってはロスにならないことが可能だということです。スマート農業を敵視するのではなくて、どうやっていい面を伸ばしていけるかとロジックを転換して、「みどり戦略」と組み合わせることはそれほど矛盾することではないと思います。かなりの部分は、提供するメーカーに有利になっているようですので、そういう点では、批判的な目も必要でしょう。でも、両方の側面をみながら対応していくことが大事です。

―― 政策展開においてバックキャスティングの考え方から脱することで、食料安全保障の確立はほんとに可能なのでしょうか。

谷口 バックキャスティングそのものが間違っているわけではなくて、それだけで考えていくと危険なのではないかということです。もうひとつ危険なのは、トレード・オフという考え方をあらゆるところに持ち込んで、二者択一型の選択を迫るやり方です。しかし、社会的現象は白黒ではなくてほとんどが灰色で、それもかなりアバウトに動いています。そういう点では、両方のもっている特徴を的確につかみながら、使い分けしていくことが大事ではないでしょうか。

スウェーデンが六十数年間続いた左派的な政権から右派的な政権に変わったとき、社会保障制度を抜本的に変えたかといったら、変えられなかったのです。なぜかというと、国民がそれを支持してきたからです。そういうふうに、残すものと変えるものとがあるはずです。おそらく、財政などいろいろな問題があって、政権交代したわけでしょうが、そういう状況のときに、ものごとを峻別して前に進めていく賢さが、人類に求められていると思います。

―― 農村のこれまでのあり方をみていると、ＳＤＧｓなどの目標をある程度年次を限ったほうがいいのではないかと思いますが。いかがでしょうか。その方がいろいろな知恵が出るのではないかと思いますが。

谷口　たとえば新規就農研修で、ほとんどは経済至上主義の考えで教えることが多いようです。しかし、神奈川農業アカデミーでは、研修生が自分の作ったものを研修施設の前の道路端で直売する実習をしたことがありました。そうすると、研修生は、作っても必ずしも売れないのだということがわかりました。消費者が買わない理由も、買う理由もあるのです。教育には、そういうことを組み込まなければいけません。今は、出来上がったきれいなところだけを教えようとしているのです。不純なところも含めてトータルに教えるようにしないといけない。グルメも美味しいだけではなくて、どうやってできているのかが理解できて、楽しめるから美味しくなるというふうにしたい。知識そのものが美味しさにつながるということです。

ＳＤＧｓの問題でも、一番ややこしいのは、目標が細かくなりすぎていて、ここだけやればいいというようになってしまっています。その結果、全体にどう貢献しているのかがみえなくなっている面があります。アリバイ的なやり方になってしまってはいないでしょうか。ほんとうは、自分の生存のためにやっているのだと考え方を切り替えなければいけません。どんな小さなことでも、有機的な連関があることを、みんなが常に意識し合って、他人がやっていることも評価できるような環境をつくりたいものです。私が言いたいのは、環境問題の専門家をいくら集めても、グレタさん一人にはかなわなかった面があるということです。一五歳の少女が小さな行動を起こしただけで、こんなにいろんなことが変わると誰が思ったでしょうか。そういうことが今求められていて、日本人はそういうことをあまりにも軽くみすぎているのではないか。もっと自分ができることで、世の中のどこかに影響を与えることができるのではないかということにもう少し気軽に一歩を踏み出していけるような環境をつくっていくことが大事です。これは、自給率向上だけではなくて、いろんな面で大切になってきています。生存が危ういということが、一番の原点ではないでしょうか。

（二〇二三・三・一六）

欧州の動向と日本農政の針路

――食料安全保障とみどり化――

株式会社農林中金総合研究所 理事研究員
平澤　明彦

今日は、日本の農政の針路について、欧州と比べながら考えてみたいと思います。また、「みどりの食料システム戦略」にも若干言及できればと考えています。

日本の基礎的条件

日本は、何といっても農地が不足しています。加えて、農地が少ないと国際競争力も弱い。こうした条件の中で、農産物貿易の自由化をしてきた結果、農地が足りないにもかかわらず、耕作放棄地が拡大して、ますます農地が減っています。資源が足りない国なのに、それがさらにどんどん減ってしまっているわけです。これが、日本の農業が追い込まれている状況です。いざというときに、最低限の食料は国内生産で確保するはずがそれも厳しくなりつつあります。

農業の競争力が弱い国は、その程度に応じて何らかの政策で農業を保護しています。各国の保護水準を「％ＰＳＥ」という指標でみると、日本はスイスや韓国など競争力の弱い国のグループに含まれています。それらの国は、国境措置と、直接支払などの財政移転で農業を守っており、どちらに重きを置くかは国によって違います。日本や韓国は財政移転が少ないのですが、ＥＵやスイスなどは主に直接支払に頼っており、財政移転が大きくなっています。こうして比べると、日本はもう少し直接支払をやる余地があるのではないかと思われます。

もともと日本は農地が足りない国で、第二次世界大戦までは米も自給できず、消費量の二割ほどを植民地から持ってきていました。その後、戦争が終わるとたいへんな食糧不足になって、アメリカから輸入を始めました。すぐに、アメリカの食料が余剰になり、それをどんどん受け入れていきました。日本はもともと米をつくる農地すら足りなかったわけですが、輸入でエサがどんどん手に入ることから、畜産も拡大できるようになりました。そうした流れを実質的に追認して、一九六一年の農業基本法は「農業生産の選択的拡大」という方針を打ち出しました。これによって、米は経営規模を拡大して残すが、それ以外の土地利用型作物は輸入するという方針をとりました。一方、需要の伸びる畜産と青果は振興しようということでした。そうして農地ではおもに米を作って他の穀物と大豆は輸入、それに輸入飼料を使った畜産と青果という現在の農業が形成されました。折から経済が成長して、アメリカからの輸入をどんどん増やして、それで豊かな食生活を実現できましたが、この経済成長によって、日本の農業の競争力は速やかに失われていきました。

その後、肥料を投入して単収が非常に伸び、加えて消費が多様化して米を以前ほど食べなくなり、米が余ったのですが、米以外の土地利用型作物は既に選択的拡大政策で輸入する方針が決まっていました。トウモロコシも大豆も関税ゼロで輸入し、麦と大豆の生産は大幅に縮小してしまったので、他の作物をつくるといってもうまくはいかず、結局、米が余っているのに他の作物を本格的に作れない状態を今日に至るまで半世紀も続けています。これは何とかしなければなりません。

もう一つ、畜産と青果を振興することにしましたが、これも、アメリカとの貿易自由化交渉とガット交渉で輸入の門を開かなければなりませんでしたので、次第に下り坂になっていきました。稲作は経営規模を拡大するといったものの兼業化で農地移動が進まず規模拡大はなかなか実現しませんでした。全体的に選択的拡大政策の想定どおりには進まなかったのです。

農産物の輸入が自由化された結果、八〇年代以降には、まだ人口が伸びており、経済成長もして需要は増えていたのですが、肉類や乳製品の需要の拡大部分は輸入品にとられる結果となり、今では、国内市場の半分近くは輸入品です。畜産は数量面でみれば、成長しない産業に変わってしまいました。そこからもう四〇年経っているので、勢いが落ちるのも当たり前です。青果はもっと厳しくて、輸入自由化を始めて程なく需要が頭打ちから減少に変わりました。それでも輸入は増えますから、その分国内生産が落ち、ピークから比べると四割くらい落ちています。

日本の食料安全保障対策の推移

日本は食料危機を二十世紀半ばから三回経験しています。第二次世界大戦中だけではなくて、終戦直後はもっとひどかったし、一九七三年には大豆危機で輸入が停まる経験もしました。三つの危機に共通しているのは、まず、輸入が止まったことです。輸入が止まっても国産があるじゃないかということですが、この三つの場合は、いずれも国内が不作、あるいは生産を大幅に縮小しており、全面的に輸入に依存していました。

そこで、やはり国産も輸入も大事だということで、国レベルで供給を確保しようと、食料安全保障の基本が位置づけられました。普段は輸入を沢山していますが、これにはお金の裏付けが必要です。経済が順調なうちはとくに問題にならなかったのですが、その条件が崩れてきました。日本の経済的地位がどんどん下がってきているので、先行きはどうなるのだろうかという懸念が出てきます。日本の地位が下がっているということは、他の国の購買力が上がっているということですから、余計に心配になってきます。また、食料は必需品で戦略物資ですので、需給がひっ迫すれば、たとえお金があったとしても必ずしも買えないという事態にもなりえます。昨年から明らかになっているように、戦争や経済制裁で食料貿易は止まってしまいます。貿易は平和が大前提ですが、その大前提が崩れてきています。さらに、需給がひっ迫すると、しばしば輸出制限が行われます。

輸入には大きな制約があります。なぜかというと、日本の主権が及ばないからです。輸出国は、売るかどうか、輸送するかどうかについては、日本のいうことをきく義務はありません。遠く離れた産地から運ぶことに加えて、主権の観点でも輸入にはリスクがあるということです。また、中国に比べれば少ないとはいえ、それでも日本は相当な量を輸入しています。量が多いと機動性がなくなり、輸入先を変更することはそう簡単ではありません。そういったことから、ある程度の備蓄はあるにしても、最低限の国内生産力は維持しておかなければいけません。

こうした国の方針は、実は、一九八〇年に決まっていました。当時の首相の私的な政策研究会の提言でだいたい現在の政策の要素が揃っていました。農産物の輸入は自由化する、しかし食料自給率は国民で合意してちゃんと守ろうというものです。また、いざというときに増産できるだけの潜在生産力を持ち、それに加えて備蓄なり情報収集なりで対応していこうということでした。実際の施策は、戦中戦後あるいはオイルショックや大豆ショックのときに使われた施策があり、それらをいざというときに使うことになっています。加えて、ブラジルが大豆の大産地になることを支援したり、世界食料需給モデルをつくったりといった中長期的あるいは予防的な取り組みを行ってきました。こうした施策は、全体として、世界的にみてもかなり整備されているほうだと思われます。

現在の食料安全保障政策

今の基本法の下では、不測時の食料安全保障をはっきり条文に書いてあり、そちらの対応策は充実してきています。しかしその一方で、何かあったときに頼りになる国内生産基盤が非常に弱くなっています。自給率が低いことはよくわれますが、それに代えて新しい指標である食料自給力が二〇一五年から作られました。しかし、二〇二〇年の自給力指標をみると、いざというときに国民に最低限の食料を供給することがどうやら難しくなっていきそうです。

輸入に依存すると、輸入が停止するリスクはもちろんあるのですが、それだけではありません。輸入をたくさんすると、国内生産の方が負けてしまい、農業生産が縮小して、最後には農地が減少し、資源がますます足りなくなるということになります。これは、日本だけではなく、アフリカや韓国、台湾など東アジアでも起こっていることです。韓国と台湾は食料自給率の落ち込みが日本と比べても速いと思います。一般的に、国のサイズが小さいほど経済の特化傾向は顕著になります。人口一人当たりの耕地面積でいうと、日本もあまり変わりませんので、気を付けないと同じようになってしまうかもしれません。現在の日本の食料自給率は、農地の面積と所得水準からみると普通です。問題は、人口が一億人以上であることで、普通、人口が大きな国は国内生産が中心で輸入にあまり特化をしないものなのです。中国をみればわかるように、ある程度以上に人口が多い国では国際市場の規模が不十分なので、そもそも輸入をそんなにできません。日本の食料輸入依存は人口

1億人以上の国としては異例です。その意味で、日本には相当なリスクがあるのではないかと思われます。国内の農地資源は限られていますので、大事にしないといけませんが、それがだんだん難しくなってきています。輸入依存度が高いということは、輸入を安定させることが極めて重要になってくると同時に、輸入が止まったときのために、国内生産力を確保しておかなければならない、その必要性が高まります。しかし、そうはなっていないのが現状だと思います。

世界規模の食料危機

一般的には、世界的な食料危機の要因には、不作、人口成長、経済成長、バイオ燃料、投機といったものがあります。近年では、中国が輸入超大国になったことも波乱要因になっています。そして現在は、新型コロナウイルス感染症のパンデミックとウクライナです。パンデミックによって、サプライチェーンがあちこちで途切れました。しかし、世界の食料安全保障という観点からいうと、もっと大きな問題はパンデミックによる飢餓人口の急増です。この二年間で一億五千万人も栄養不足人口が増えました。二〇〇〇年代から飢餓解消に努力してきたものの、たった二年で相当な部分が元に戻ってしまいました。こんなことになったのは、先進国の金融危機であったリーマンショックと違って、パンデミックが所得の低い国を直撃したからです。やはりお金が大事で、購買力が鍵であったということです。また、これは市場メカニズムの限界でもあります。お金のある富裕な国は、相変わらず餌や燃料向けに膨大な穀物を使い、お金のない国は買えずに飢餓が増えます。自由貿易のお陰で我々は食料を輸入できるのですが、それに任せているだけでは、購買力がなくなると締め出されてしまいますので、やはり国内生産は大事です。

そしてウクライナ紛争によって、農産物の値段が上がり、貿易も止まって、大混乱が生じ、思った以上に戦争の影響は幅広いと感じています。そのひとつは、企業のレピュテーションリスクです。西側の国が農産物をロシアやウクライナから買わないという立場をとるのはいいとして、西側の企業は、ロシアと第三国の間の貿易に携わっているのです。ロシアと関わる取引をすると、あとでどんなペナルティを受けるかわからないというリスクから、手を出さなくなって、結果的に広範に第三国に影響が及びます。

もうひとつの問題は、世界で非常に大きな位置を占めている、最大の小麦と肥料の輸出国であるロシアが貿易統計の公表を止めてしまったことです。これによって、世界の小麦や肥料の流れがよくみえなくなってしまいました。やはり、戦争になると、いろいろと不具合がでてきて、とくに輸入に依存している日本にとっては、予期しない形で困ることが今後も起きてくる可能性が大いにあるでしょう。

ここ二〇年で、世界には大きな輸入国と輸出国が急速にでてきました。輸入国はもちろん中国が一番ですが、ほかにも人口が増えてなおかつ経済成長もする国がたくさんでてきました。輸出国もウクライナをはじめ多くあるものの、問題は、今回の事態をみてもわかるように、かつてのアメリカのように供給が安定している国はあまりありません。したがって、事態は混とんとしています。こういった状況なので、とくにアメリカが燃料に大量に穀物を使うようになってから、穀物相場が高いまま推移する中で世界的に危機感が高まっているのです。

中国は、欲しいだけの食料が国際市場にないことに加えて、輸入先であるアメリカと緊張した関係にあるため、なかなか安心できません。ロシアは二〇一四年のクリミア紛争後、西側から経済制裁を受けており、それに対する報復と称して、西側からの農産物輸入をすべて止めて、その間に国内農業を振興し、小麦の最大の輸出国になりました。畜産の相当部分を自給する体制も固めて今日に至っています。早くから、食料を戦略物資として捉えてきたと思われます。

EUの動向

EUは、一九五七年の条約で共通農業政策を始めました。そのときは、食料安保を重視していました。そうして頑張って増産し、輸入地域だったものが輸出地域への転換を果たしました。輸出地域になったので、平時の食料調達についてはあまり心配していません。しかも、一九七〇年代から八十年代にかけて生産が過剰になり大変だったので、食料安保のことはあまり考えなくなりました。冷戦が終わったこともあり、その傾向は強くなりました。ところが、米国がバイオ燃料向けの穀物利用を拡大して、二〇〇七年頃から、穀物の高値が続くようになりました。しかも、中国が爆買いしています。これでは心配だということで、二〇一三年の農政改革の準備のときに基本方針を変えました。食料安全保障が一番重要だということを政策文書で明示したのです。それから一〇年経って、今年から新しい中期農業政策が始まりました。今回は、法制の条文中に、農業政策の目的の第一として、食料安全保障が入っています。今の農業予算の七割以上が直接支払ですが、その根拠として、食料安全保障のためにＥＵ全域で農業生産を維持する、そのために直接支払を行うというかたちになっています。

ＥＵでは今、新しい成長戦略である欧州グリーンディールで環境対策を強力に進めています。そのなかで、食料・農業の分野は、ファーム・トゥ・フォーク戦略（Ｆ２Ｆ）が受け持っています。その中に、食料安全保障が入っていて、なぜここに入ったかというと、この戦略を打ち出す直前にパンデミックが始まって、緊急事態対応計画を作ろうということになったからです。それまでＥＵには緊急時の即応体制がありませんでした。農産物はほぼ自給しているので危機感が薄かったのです。その結果、パンデミックで相当な混乱が起きました。加盟国が勝手に国境を閉じたり、加盟国とＥＵに連絡窓口がないことからいろんな当局が勝手に動いてうまくいきませんでした。だから、まずは体制をつくって、どんなリスクがあるかを整理して、データも整備しましょうと、今、頑張ってやっているところです。

そこへ、昨年から、ウクライナ紛争が発生してそれに対処するため食料安全保障関連の施策が出てきました。需給の急変に対応する通常の農業政策での手当てが中心ですが、それ以外に直接支払の環境要件を一時的に緩和しています。これは増産のために、環境は少し待ってもらうということです。また、ガス燃料が不足する可能性があったため、その場合は肥料生産者に優先的に供給することも考えていましたが、結局は暖冬になり燃料需要が抑えられたので大丈夫でした。

ＥＵでは、たん白質戦略が以前から懸案になっていましたが、ウクライナ紛争をうけて、急遽作ることになりました。昨年三月の首脳理事会で、ＥＵ域内におけるたん白質作物（大豆など）の生産を拡大して、輸入を削減するという方針が示され、他のＥＵ機関が賛同すると、それまでＥＵレベルの戦略策定を渋っていた欧州委員会も承諾しました。来年までには、何かしらの報告書がでてくる予定です。単に増産ということではなくて、環境への配慮や食用への利用についても盛り込まれるようです。

もうひとつ重要な施策は、ウクライナに対する緊急支援の一環として、「連帯レーン」を整備したことです。ウクライナの港が封鎖されたので、ＥＵの域内の陸路と運河によってウクライナ産の農産物を輸送できるようにして、輸入関税を免除しています。海外輸出の促進策となるはずでした。ところがその結果、ウクライナ国境沿いの東欧のＥＵ加盟国に、ものすごい勢いで安い農産物が流入しました。もともとウクライナには広く肥沃な農地と大規模農業経営があり、品質はそれほど良くないもののとにかく値段が安いので、例年より3桁ほど多い数百万トンが入ってきました。これには緊急対策をして、輸送路から勝手に加盟各国に入っていかないようにしなければなりません。ＥＵの国境保護措置はやはり重要なのです。なお、ウクライナはＥＵへの加盟を目指していますが、この件をみると、ＥＵの市場に統合するのは相当に困難ではないかと思われます。

スイスの食料安全保障

スイスにおける長期の食料安全保障対策は、主に農業政策で展開しています。状況はＥＵと似ていますが、スイスは戦後に頑張って自給率を上げてきました。大戦間期には二〇％程度だった小麦の自給率が、最高で一四〇％くらいまできました。六〇～七〇年間かけてそこまで達成しているのです。その後、貿易自由化と農政改革のため、だいぶ下がったものの、それでも今は八〇％くらいで安定しています。

九〇年代からの農政改革によって、農業の所得が下がり、農地も減り始めたことから、危機感が出てきました。さらに、アメリカのバイオ燃料需要で、農産物の国際価格が上がってきましたので、国内生産を何とかしようという機運が高まりました。そして二〇一四年、農地の維持を目的とする大きな二つの直接支払を導入しました。今は直接支払の予算の半分くらいがこれに充てられています。また、食料主権という考え方が農業政策の指針に入ってきました。さらに、二〇一七年、憲法を改正して食料安保条項を設けました。当初の案は、主に農地など生産基盤の保全を謳っていたのですが、議会が環境、市場、貿易、食料利用（消費）などを盛り込んで、広範な国民の支持を得ました。国民投票では、四分の三という圧倒的多数で可決しています。後でお話ししますが今後、これを反映して、次世代の農業政策を作ることになっています。

スイスの憲法には農政の目的が書いてあります。それは、農業の三つの多面的機能です。一つ目は、国民への供給の保障、いわゆる食料安全保障、二つ目が、自然資源・農業景観、三つ目が、国土の人口分散で、隅々まで人に住んでもらうということです。この三つの多面的機能のために、いろいろな施策があり、その中で最も重要なのが直接支払による農業収入の補完で、それにかなり高度な環境要件を課しています。現在、国の農業予算の八割以上を直接支払で占めていますが、その中心は、農業生産の維持を奨励するもの（供給保障支払）と、牧草地が森に戻ってしまわないように、放牧をして維持してもらうもの（農業景観支払）です。いずれも農地を守る補助金と言えます。条件不利地域には加算して、山岳地帯でも営農を維持できるようにしています。さらに個々の農場の急傾斜地には桁違いのお金を出して、農地ひいては国土の維持を図っています。

憲法で食料供給の保障が定められたのは九〇年代ですが、そのときは具体的な施策はありませんでした。やがて二〇一四年になると、先ほどお話しした供給保障支払いという、まさに供給の保障を目的とする直接支払制度が設けられました。次に二〇一七年には憲法が改正され、食料安保条項ができましたが、このときも具体的な施策はまだ追加されませんでした。そして今、これから始まるのが、二〇五〇年へ向けた政策の形成です。これは、憲法の反映に加えて環境・気候対策にも応える政策をつくろうとするもので、「生産から消費までの持続可能な開発による食料安全保障」を目指すとしています。そのために、持続可能な形で食料安全保障を確保する政策を、二〇二五年から検討して、二〇三〇年から実施する予定です。

　短期の食料安全保障は、日本でいう不測の事態の話です。スイスは昔から備蓄をしていることで有名ですが、不測時にはＡ、Ｂ、Ｃという３つのレベルがあって、事態が長引けばより厳しい政策を展開します。日本のものに少し似た仕組みをもっています。この備蓄の放出が最近増えていて、不穏な動きを示しています。原因のひとつは、ウクライナの問題ですが、もうひとつは気候変動です。冬季の少雨でライン川の水位が下がり、しばしば水運で物資が十分運べなくなっています。実は、スイスとは別の話ですが、米国から日本への食料輸送路であるミシシッピー河とパナマ運河も、渇水で艀（はしけ）や大きな船の通過に支障をきたすことが増えており、日本にとっても気がかりです。スイスでは、食料安全保障対策の範囲が広がってきていることから、これから人員を強化し、また食料備蓄の拡大を検討するようです。

　状況が悪くなったら国内で食料を増産しますが、増産するには農地が必要です。スイスでは、増産にあたって、一人当たり二三〇〇キロカロリーの供給に必要な農地を前から計算してあって、各州に何ヘクタールと割り振り、さらに州は基礎自治体の当該農地を特定しています。もしその農地を転用したら、代わりにほかの農地を改良して同等にする義務があります。これは不測時の対策とは別に、空間計画という土地利用計画の制度で定めています。憲法で不測時の供給を定めているのに加えて、土地利用を管理している空間計画法があり、そのなかで、輪作地という優良な農地を確保するよう定めています。ただし、それは農地の転用を抑えるだけであって、その転用されない農地がちゃんと農業生産に使われるか、それが経済的に成り立つのかはまた別の話でして、そこを農業政策が受け持っています。つまり農業政策で、農地を経済的に農地として使うための補助金を直接支払で入れています。農地を守るということは、転用しないことと、そこで採算がとれる農業をやってもらうという、この二つが揃わないといけないわけです。

それと比べて日本はどうか。不測時の備えは結構できていまして独自の世界食糧需給予測モデルもあります。一方弱いのは平時の生産で、ヨーロッパに比べて農地はもともと足りませんし、輸入依存度も高い、加えて自給率が上がらずに下がっています。そして、国内の農地がどんどん縮小しつつあります。にもかかわらず、安全保障を目的とした所得支持をしていません。ところで、ヨーロッパが自給率を上げることができたのは、戦後にものすごい収量の増大があったことによります。日本は、その時期を逃しました。しかし、日本はこれから人口が激減しますので、同じような自給率引き上げ効果があります。したがって、この機会に農地を維持して活かすことができれば、相当な改善が見込めます。

ＥＵもスイスも日本も、農業政策の第一の目的はだいたい同じで、食料安全保障です。異なっているのは、その対策をどうしているかということです。ＥＵもスイスも、一番の政策目的だからそれに合わせて所得補償をすることになっているのですが、日本の場合は裏付けとなる施策が基本法には書かれていません。基本法には、国内生産の増大についての具体的な施策もありません。一方で、自給率目標をたてて引き上げるといっているものの、その裏付けの施策もありません。農業生産を担う第三の理念のところをみると、その中身は、大部分が経営強化といったミクロのことです。一応、必要な農地の確保とは書いてありますが、全体として、生産を引き上げる施策は示されていません。日本は農地を中心とする生産基盤の維持を明示的に重点化するべきです。スイスは、その指標として農地面積と供給カロリーを使って採点をしています。日本の場合は、ミクロや地域の政策が中心ですが、その結果をマクロでチェックして修正していく仕組みが必要ではないかと思います。そして、直接支払などで所得補償をすべきでしょう。農業保護のレベル（％ＰＳＥ）でみると、日本は時勢移転の割合は低いので、まだやる余地があるのではないかと思います。

ＥＵもスイスも、直接支払政策を本格的に導入したときには、農業予算が相当拡大しました。全体の二割から三割は増えました。そのように、お金がかかることは間違いありませんが、それをやらないと持続できないでしょう。よく、産業政策と地域政策、車の両輪といわれてきましたが、産業政策は経営の強化であって、それはミクロです。ミクロと地域を積み重ねて、全体でどうなっているかというと、今のところ、マクロでは縮小均衡です。したがって、食料安全保障の観点から、全体の量的確保を図る枠組みが必要でしょう。

食料安全保障の概念

食料安全保障の概念が、今の基本法ではだいぶ混乱しているので、もう少し何とかした方が良いのではないかと思います。ＦＡＯの定義は、「すべての人が、活動的で健康的な生活に必要な食生活上のニーズと食の嗜好を満たし、十分で安全かつ栄養のある食料を、常に物理的・社会的・経済的に入手可能」。ずいぶん長いですね。スイスの定義はもっと短くてわかりやすく、「国民がいかなる時にも質の良い食料を手頃な価格で十分な量入手できる」です。ＥＵのものはさらに簡潔で、「十分で安全かつ栄養のある食品への常時アクセス」となっており、これは法律（正確にはＥＵの規則）の前文に書いてあります。スイスでは「質が良い」という言葉が入っています。アクセスは、言い換えれば、入手できるということです。

日本は、基本法で食料安定供給の確保に関する条文をみると、「将来にわたって」「著しい逼迫時においても」という表現があります。それから、「良質」、「合理的な価格」のことも書いてあるし、「安定的に」「最低限必要とする食料は」ということも書いてありますので、ＦＡＯの食料安全保障の定義にある内容はだいたい入っています。ただ、はっきり違うのは、「全ての人」とは書いていないことです。スイスのように「国民が」とも書いていません。日本の場合はマクロでの調達に主眼がありますので、ミクロの視点は書いてありません。またもう一つ、輸入が停まったときのことや、「将来にわたって」といった具体的なことがたくさん書いてある一方、ヨーロッパやＦＡＯのような、「いつでも」「十分に」という一般的な言葉では書いてありません。具体的に書きすぎて、実際に発生してくる様々な事象に当てはまり難くなっている面があるのではないかと感じています。

日本の基本法の「食料安定供給の確保」と似たような言葉は、各国で使われています。たとえばＥＵでは、基本条約のなかの、共通農業政策の目的の一つに「安定供給の確保」とあります。スイスでは、憲法と農業法に農政の目的の第一が「供給の保障」です。スイスやＥＵでは、これが食料安全保障だと理解されているのです。でも日本ではそうではなくて、なぜか、不測時の食料安全保障だけが食料安全保障だという言い方がされています。結局、条文で不測時の安全食料保障だけにその言葉を使っているので、ほかのものを食料安全保障とは言わないということのようです。しかし内容からすると、それは変な話で、日本の場合、安定供給の確保の枠の中に不測時の食料安全保障が書かれているという条文構成になっているのです。もっと一般的な呼び方をして、どのような事態にも対応できるようにしたほうがいいでしょう。まず、平時と不測時の区別はしないことです。平時でもやることはたくさんあり、たとえばＥＵは本質的に高度な安定供給を求めていますが、それは不測時に限りません。

ミクロの視点については、基本法検証部会でもいろいろ議論されています。個人の経済格差の問題もでていますから、それはそれで大事です。ただし、あまりミクロにこだわるのはよくなくて、家計、組織、地域、全国と様々なレベルの視点が包含できるようにすべきでしょう。今の基本法の食料安全保障という言葉は、不測時という枠をかけたばかりに、範囲が狭くなっています。同じようなことにならないよう注意していただきたいです。具体的に基本理念の方向が、すでに二月にでているのですが、一人一人の食料安全保障の重要性を強調しています。このように限定してしまうと、国レベルの供給の扱いは軽くなるのか、地域レベルの問題はどうか、混乱するのではないかと危惧します。FAOの定義を参考にして国際的に通用するものにしたいというのなら、たとえば、FAOのように「全ての」など、もう少し一般的な表現を使うといいのではないかと思います。発表資料で「一人一人の食料安全保障」と「不測の事態における食料安全保障」の二つが明示されていますが、この二つ以外は食料安全保障ではないと勘違いされそうです。やはり、もっと全体を包含する表現が望ましいと思います。

政策のグリーン化

EUの環境戦略のうちて農業にかかわりが深いのは、F2F（ファーム・トゥ・フォーク戦略）と

ＢＤＳ（生物多様性戦略）です。両者は連携して農業向けの数値目標を複数設けています。たとえば農薬を半分に減らす、養分の損失（流出や大気への放出）を半分に減らすといった目標です。これと同様の目標を「みどり戦略」が導入し、日本でも有名になりました。ＥＵでは当初、これは単なる目標で強制力はないから問題ないと当初は言われていたのですが、昨年から様子が変わってきました。Ｆ２ＦなりＢＤＳの下でいろいろな法案が出てきて、任意だったはずの達成目標を法制化して義務付けようとしているのです。そのため、農業界ものんびりしていられなくなりました。ＥＵはもともとグローバルスタンダードを目指すといっていますので、こうした法案を引っ提げて、生物多様性条約の協定国会議に出席し、新たな国際目標の中に、農薬リスクと養分損失を二〇三〇年までに半減するという、まさにＥＵの目標と同様の内容を盛り込みました。

これに応えなければいけない農業政策側はどうしているか。一九五七年の基本条約で作られた農業政策の目的は、同時期の六一年にできた日本の農業基本法と似ており、生産性を上げ所得を向上させて安定供給、そして適正な消費者価格でした。今はそれだけというわけにはいかないので、中期政策を立てる度に環境対策などその時代にあった目標を設定して上乗せしています。今回はそれがとくに大々的になされています。一番の中心は食料安保と農業生産ですが、二番目が環境関連で、生物多様性、パリ協定、炭素隔離、化学物質への依存を減らすことなど、様々な要素を書き込んでいます。三番目の農村関連では、食品の廃棄を減らすことや、抗微生物耐性への対抗についてまで言及しています。

ＥＵ各国では、それぞれ共通農業政策の「戦略計画」を立てますが、その際ＥＵの一二本の法制に貢献する内容とするよう要求されています。その法制はすべて環境および気候関係のものです。各国の計画に環境政策から縛りがかけられているのです。昨年、各国の戦略計画が出揃いました。予算の概要をみると、まず環境・気候管理誓約、これは従来、環境・気候支払といわれていたもので、農村振興の補助金です。また、エコスキームという補助金が新しくできました。従来はグリーニングといわれていた補助金をもっと高度化したものです。これらをあわせると予算の二七％を占めます。それだけの予算を環境関係に使うわけです。このエコスキームという新しい制度が、従来のグリーニングに比べて高度化しているかどうかが問題ですが、まじめにやっている国とそうでない国でかなり差があるといわれています。

環境対策によって生産性が落ちる可能性もあるので、そこが問題になります。元々ＥＵの環境戦略である欧州グリーンディールには食料安全保障とは一言も書いてありませんでした。その後、パンデミックが発生してあわてて食料安全保障をＦ２Ｆに追加したので、環境対策と食料安全保障の間をどう取り持つかということは後手に回っています。各種の立法提案や政策文書を読むと、食料安全保障のためにも環境対策は大事だと書いてあります。長期的に食料を安定的に生産するためには生態系サービスや気候・土壌が非常に重要なので、それは食料安全保障のために必要なのだと。

それが、おそらく農業に対して環境部門からの主な主張であり、具体的にどうしていくかはこれからの段階ではないかと思われます。ウクライナ紛争のため、国内で増産してもらうために、環境要件を一部緩和しましたがその評価も環境部門と農業部門で大きな隔たりがあります。

ところでオランダでは、地方選挙の結果、連邦上院でＢＢＢという農業政党が第一党になるらしいということです。急速に厳しい環境規制が入ってきたことへの反発と考えられます。極右政党が失ったのと同じくらいの議席が農業側に流れ込むかたちになりました。二〜三年の間にグリーンディールを一気に進めてきたので、ＥＵレベルでもその反動がこれからでてくるのではないかと思います。

ＥＵのＦ２Ｆと日本の「みどり戦略」とを比較してみると、よくいわれていることですが、「みどり戦略」は技術開発が中心です。本来は、他の政策がもっとあって、むしろ、技術はそれらをつなぐ部分になることがふさわしいと思います。包括的な取り組みとするために、Ｆ２Ｆは制度構想の塊です。また、「みどり戦略」は農水省（農業部門）がつくっているのですが、Ｆ２Ｆは環境部門がつくっているので、環境の面からみて何が必要なのかということが明確にわかります。「みどり戦略」を読んでもそれは詳しくはわかりません。そこをもう少し詰めていかないと、十分な環境対策にならないのではないかと思っています。その代わりにこんな技術開発をしたら役に立つのではないかということがたくさん書いてあります。

「みどり戦略」は冒頭で生産力の向上が必要と宣言しており、環境との両立が課題として明確に認識されています。しかし、環境とどうやって折り合いをつけるのかは明らかにされていません。もっとも、それはEUも同じことで、まだその答えはありません。それから基本法とその基本理念には「みどり戦略」を包含する環境対応の方針を組み込んでほしいのですが、今の多面的機能よりもっと積極的なかたちで、環境の改善に言及して頂きたいと思います。ただし、「みどり戦略」は技術開発が中心ですので、ほかの施策で補ってしっかりした基本理念にしていただきたいと思います。

輸入依存度が高いスイス農政の基本目的

スイスでは、農政の基本目的の一つとして、自然資源の保全と景観の維持が挙げられています。それに基づいて、直接支払には高度な環境要件が課され、環境サービス要件などと呼ばれています。EUにも似た仕組みがあり、少し前まではクロスコンプライアンスという名称でした。今年からさらにコンディショナリティという制度になって今までより厳しくなりました。それでもスイスの水準までは達していません。九〇年代早々に取り組んだスイスはやはりすごかったわけで、動物福祉も高水準です。

スイスの農業予算は大部分が直接支払ですが、その三分の一は高度な環境向けの直接支払に向けられます。農地の維持に関するもの以外はすべて環境支払の類で、これまでのEUの制度でいえば農村振興政策に入るような比較的高度なものも含まれます。そのように、もともと高度な政策を展開してきたのですが、それに加えて、一昨年、農薬削減法を制定しました。これもEU目標の先取りで、二〇二七年までに農薬を半減しようというものです。この削減は義務的です。しかもそれを監視するために、個々の農家は使用記録を国のデータベースに入力することになりました。EUでも類似の規定を含む立法案が出てきており、今欧州議会ではそれを弱めようと保守系の会派が攻勢をかけているようです。

もう一つスイスで注目したいのは、環境対策への取り組みが早かったことや、輸入依存度が高いこともあり、持続可能性と食料安保の両立を以前から意識してきたことです。スイスの人口は移民の流入が貢献して、ここ二〇年間で二割増えましたが、単収の引き上げで需要の増加分を賄いました。その一方で、環境対策もしているので、なかなか大変だったと思います。したがって、一〇年も前から、政策文書で農業と環境の両立について書かれていましたし、二〇二一年の持続可能性発展戦略でもそのことが繰り返し語られています。そうした基礎の上に二〇五〇年ビジョンができ、持続可能な開発による食料安全保障として、これから具体化に取り組もうという段階です。二一年の上記戦略の頃、EUでは食料安全保障のためにも環境保全が大事だという環境部門の主張が強調されていました。スイスではそれに加えて、経済と社会の持続可能性がないと食料安保にならないという問題意識が常にあり、一歩先んじています。

日本の課題

日本は農地が速やかに減っているので、これを何とかしなければなりません。施策の柱のひとつにマクロの生産基盤、特に農地の維持をぜひ入れていただきたい。これまでは、ミクロの経営強化を中心にやってきましたが、それは結局、少数精鋭化の道なので、生産基盤の縮小を防げなかったというより、むしろそれは当然ありうべきでした。

気候、環境、動物福祉の対策もやっていかなければなりません。国際的にもそうですし、今後直接支払を充実していくうえでも、そうです。今後、異常気象が激しさを増していくなら、土づくりが大切です。土壌を活かすことが非常に重要で、それはＥＵでいわれている長期的な食料安全保障です。また、ＯＤＡなどを通じて、世界の食料増産にはできるだけ貢献してほしいと思います。

農地を維持する上で重要なことの一つめは、土地利用型農業をどうやって建て直すかということです。そもそも儲からないからやる人がいなくなってきた訳なので、収益性を改善しなければなりません。土地利用型が儲からないから、土地を節約する園芸作などを志向する農業者が多くなっているわけで、若い人はとくにそうでしょう。したがって、そこにお金を付けないとだめだろうと思います。その裏付けは、食料安全保障や環境気候対策ではないでしょうか。ＥＵやスイスはそうしていますし、日本は農業保護対策のなかで直接支払の割合はまだ低いほうなので、もう少し頑張ってみてもいいのではないでしょうか。

今、基本法の見直し議論では、価格転嫁の話が盛んです。コストが上がった分を価格に反映することは当然ですが、気を付けなければいけないのは、高い生産費をすべて価格に上乗せすればそれでいいのかということです。しかも、消費者の所得が増えていない状況ではなおさらです。ヨーロッパの議論を持ってくるときに気を付けなければいけないのは、日本は輸入依存度が非常に高くて国産はいつも輸入と競争しているということです。その状況下で国産だけ値を上げたらどうなるか。需要が輸入の方にまわれば、国内生産はますます縮小してしまいます。また、これまで、安い輸入品との競合を避けて付加価値が高い農産物の生産を目指した結果、どんどん縮小して高級品へ撤退していっている面があるのではないでしょうか。今後、人口がますます減っていくなかで、農地をたくさん使ってしっかり生産を拡大していくには、そして国民に食料を手ごろな価格で供給するという、農業の本来の役割から考えれば、やはり、直接支払といった制度を使って、土地をきちんと面的に使える政策を展開していかないといけないと思います。

もうひとつ、農地を維持する上で考慮すべきなのは人口の動きです。今世紀末までに日本の人口は半減する見込みです。それに合わせて、生産品目を切り替えていかなければなりません。今でも半分の田んぼが余っていて、さらに人口が半分になると、田んぼの四分の三が余ります。再編は不可避です。そこで、主な選択肢は三つあります。必ずしもいずれか一つしか選べないというわけではありませんが。ひとつは、輸入に依存しているほかの品目に作目を転換することですが、これには継続的な支援が必要です。もうひとつ考えられるのは、食用米の消費がずっと減ってきているので、これを本格的に拡大することです。これまで、米の値段をできるだけ高く維持してきた一方、消費が減ってきているわけです。米に比べて小麦のほうが安いと、長期的には小麦に需要がシフトしていきます。肉類のなかで、だんだん鶏肉に需要が移っていくのと同じです。山下一仁さんがいうように、これを逆転させて、小麦より安いお米を供給する手があります。ただしその場合、所得の補填が必要になるので、そのための直接支払には結構なお金がかかるはずですが、もし米需要をほんとうに復活させようとするなら、それしかないのではないでしょうか。もちろん、それによってどのくらいの需要が喚起できるかについては、もっと研究が必要です。かつて、戸別所得補償をしたら、米価が戸別所得補償の固定部分くらい下がってしまって批判されましたが、米の値段を下げるためであればそれでもいいわけです。ただ、農業予算には限りがありますので、新たな財源が必要になります。主食の価格引き下げは消費者、それも低所得層ほど恩恵が大きい政策になるでしょう。余剰農産物を配ったりするより、むしろ直接支払で米の生産をしっかり安定させて水田を維持することに税金を投入することを考えたらどうかと思います。食料の値段を引き上げていく政策はきわめて逆進性が強いので、所得格差が広がっているなか、ひとりひとりの食料安全保障を考えようと言いながら、農産物に価格転嫁をして値段を上げるのは逆行している面があるのではないでしょうか。なお、今後、メガＦＴＡの実施が進んで小麦の価格上乗せが減ってくると、おそらく小麦の値段が下がって、国民の需要が加速され、さらに米が余るという方向に進みそうな気がします。

三つ目の選択肢は他用途米です。今は飼料用米が中心ですが、助成単価がとても高い。エサならトウモロコシのほうが安く作れます。田んぼを使えるという点ではいいのですが、やはり田んぼはコストがかかるので食用米に適しているのではないでしょうか。エサ米の場合、作る面積が少ないので、単価が高くても財政上は何とかなっています。しかし、この調子で飼料用米の作付けが増えていけば、助成の規模は相当な金額になってしまうので、そうであれば、むしろ生産効率の良い他の飼料作物と、食用米に助成したほうがいいのではないかという気がします。もっとも、水田を大幅に減らすには、相当な留保条件があります。これから環境に配慮したり、気候変動などで単収が下がるのではないか、米の方が単収が安定して国民への安定供給に適するのではないか、などいろいろな問題があります。例えばもし単収の低い作物が増えれば、供給力が下がってむしろ自給率が下がるという問題もでてくるでしょう。やはり、米の消費にどれだけテコ入れができるかです。それができなければ、ほかの品目に移行せざるをえなくなります。仮に今後日本の経済力がどんどん落ちていくなら、それによって米に需要が戻ってくる可能性もなくはありません。時間をかけて、今世紀末までゆっくり時間をかけて、しかし早めに検討を始めることが大事だと思います。地域での意思決定なども必要になりますし、技術も必要です。水利施設と組織をどうするかも考えなければいけません。人口減少にあわせて進めていくような超長期の移行を考えるべきです。スイスが七〇年もかけて自給率を上げてきたのと同じような継続的な取り組みが必要だと思います。

（ひらさわ　あきひこ）

〈質　疑〉

――生産基盤を維持するための方向を明らかにするためには、たとえば国内外の需要に応じた供給量の確保の観点から国内生産の増大を基本として、それと輸入および備蓄を適切に組み合わせて行うという形で、基本理念において、生産基盤の維持・拡大を明示的に位置づけることを考えるべきではないでしょうか。そのうえで、施策面で、供給力の水準を議論することとし、その水準を確保する方策の一つとして、直接支払を位置づけたらどうでしょうか。

平澤　おっしゃる通りです。条文の具体的な書きぶりをどうするかはともかく、スイスが憲法の食料安保条項で一番にあげているのは、やはり生産基盤の維持です。そこのところをきちんとせずにミクロで頑張ってきた結果が現状ですので、そこを理念に埋め込んで、それに対する施策として直接支払をしっかり位置づけることをしないといけないのではないかと思っています。今、検証部会の大きな流れとしては、全体としてミクロでもっと頑張って、担い手をもっと増やせばいいのではないかという方向のようです。それはそれで結構ですが、その結果、全体として量が確保できているかを常に問い、足りなければ量が確保できる仕組みをもたないと、現在の崩壊がとまらないのではないか。そうなると、どうやって量をカバーしていくか、そちらに重点をおかざるをえないのではないか。たとえば林業は、今では資源管理の方に軸足が移っています。自由化して競争力が無くなると、最終的にはそういうことをしないと資源が維持できません。農業にそうなってほしくはないですが、ある程度そういう要素を加味していかないと、農地を維持できないのではないかと心配しています。

――価格転嫁については、どうお考えですか。

平澤　フランスの例をだして、ステークホルダーが一堂に会して相談してやっていくとか、価格をちゃんと考えましょうとか、良いことを言っているとは思います。しかし、フランスは農業大国です。農産物をたくさん輸出し、頑張れば、国内の市場を席捲する可能性もある国です。なおかつ、ＥＵで国境が守られ、直接支払もしっかりしていて、それでも足りないから、そうした対策をとろうとしている国と、競争力が弱くて輸入に負け農地が縮小しているわが国で同じことやってをうまくいくのでしょうか。そこが問われると思います。直接支払を充実して、経営を安定させるのと並行して価格転嫁をやるなら良いと思います。あるいは、それによって、価格をそもそもそれほど上げなくてもすむようになれば、それで良いわけです。

――国内生産基盤の話をする場合、結局議論になるのは、どの水準にするのか決まっていないことです。安全保障をいう場合には、防衛力でいえば、どの程度揃えるのかというように、明らかに規模を決めようとしています。食料安全保障についていえば、まさに、完全自給というレベルを考えるならば、最低限のエネルギーを人口分確保できる生産能力を維持するという話があって、そこまでやるのかどうかというのは、政策選択になってくるのでしょう。いずれにしても、人口はどんどん減って、国内の必要量は小さくなってきて、輸入を大量に入れているような国の場合、なおかつ、輸入が潤沢にできるような購買力のある、一九九〇年代までのわが国であれば、選択肢の一つとしてないわけではなかったのが、二〇二〇年までの間に、この国は衰退して、途上国段階になってしまった。その実態に、気が付いて、ではどうするということになっている。直接支払の話をするならば、国内生産水準を政策の理念として、議論できるような仕立てにするべきです。そこには、輸入と備蓄と国内生産だけでは話があわないので、輸出あるいは輸出のようなものを入れ込むことによって、国内の生産ポテンシャルティをあるレベルに安定させるという考え方を理念上入れないといけない。それがまずないと、直接支払で行くのかどうかは、その次の問題になってくる。

その点の議論が今の審議会ではされていない。なぜそうなのかというと、食料安全保障に関していうと、要するに、市場原理で個人の努力で解決できるはずだというのが大前提になっているからではないかと思っています。

平澤　まさに今の基本法は前の基本法と違って、市場にいかに適応していくか、強いミクロの経営を育てることに重点を置いてやってきました。しかしその結果、マクロの生産基盤は縮小してしまいました。これから先必要となる生産転換の規模を考えても、計画的な要素はやはり入れざるを得ないでしょう。かつての基本法は結局想定どおりにはいきませんでしたが、やはり、その種のことを再びやらないとならない時期にきていると思います。また、輸出が解決策になるかといえば、米が余るのを何とかできるような、それだけの農地を使う規模の輸出は、少なくとも今のところは見えていません。高付加価値のものを少し売るというビジネスであれば、農地はあまり使いません。そうすると、農地の再編には使えないということになりそうです。これから、人口減少によって浮いた農地をどうやって国内で有効に使うか、それはその規模からいって輸入の代替ということになるでしょう。輸入をどれだけ置き換えられるか、市場の開拓と技術開発の問題になるのだろうと思います。小麦については、今のところそれほど大規模ではありませんが、ここ一〇年、二〇年で育ってきたので、続けていくことが重要です。韓国や台湾はそれがほぼなくて、下がっています。日本はまだやれると思います。

―― 現実は、農地制度はあるものの、手続きさえ踏めば、転用されるままなのが実態です。生産基盤を確保するという意味で、どのくらいの農地を確保する必要があるというふうに、具体的な数字を明確にする必要があるのではないでしょうか。

平澤 農地をどのくらい確保すればいいかを明らかにしないと、何をどのくらい作ればいいかも明らかになりませんし、減少の歯止めも効きません。やはり、マクロの指標をきちんともって、目標をつくるべきです。そのために、農地面積が最適なのかどうかはわかりませんが、少なくとも、スイスは、農地面積と供給カロリーの二つでコントロールしています。そういうかたちで、マクロの生産力を担保するのにふさわしい指標とその目標値を作る必要があります。スイスのように、基礎自治体まで降ろしていく必要もあるでしょう。問題は、スイスと異なり、日本ではゾーニングがちゃんとできていないことです。

―― 農地を確保しても、担い手が急速に減っています。政策的なてこ入れが必要ではないでしょうか。

平澤 私の考えでは、担い手を増やす方策はある意味単純で、直接支払を充実すれば少なくとも長期的にはだいぶ違ってくると思います。今年は何を作るか、米と麦・大豆はどうしようと、農業経営者の皆さんはそれで儲かるかどうかで判断しているわけです。若い人が園芸作物にいくのは、土地利用型が儲からないからです。集落営農で若い人を呼び込もうと思って、トマトハウスをつくって水田もやってもらおうとしても結局トマトばかりになってしまう。農業経営大学校の学生たちに、卒業したら何をしますかと聞くと、ほとんどが園芸で畜産がたまにいる程度です。米をやるという学生がいても、実家がやっているからです。経済合理的に動けば、今は、土地利用型を選ぶことにはなりません。それをひっくり返すには、収益水準がはっきり変わるくらいのことをしないとだめでしょう。しかも、ＷＴＯ上整合がとれるのは直接支払しか残っていません。ただ、アメリカやヨーロッパに比べると、内外価格差が大きいということがあります。一俵二〇ドルや三〇ドルで売られている米と、一万円を切ったらたいへんだという日本ではだいぶ違うので、そこをどうしていくかという問題はあります。もちろん、内外価格差をいきなり全て埋められるかというと、難しいでしょう。しかし、何もしないで手をこまねいていると、ますます作る人がいなくなってしまいます。

もうひとつの問題は、おそらく農水省としては、米の国境がこじ開けられたら、直接支払を導入していく、いままで他の品目はそういうロジックでした。米の場合はいまのところ内外価格差が守られていますから、ゲタはないということになっています。国境措置が下がっていけば、それに合わせて直接支払を入れられるはずです。でも、幸か不幸か、ＴＰＰからアメリカが抜けたりして、米を守るという交渉の結果として、そこは実現していません。そうすると、直接支払が入らないうちにコメ生産者の皆さんが止めてしまうということになりかねません。貿易の自由化を根拠にしている限り、日本の情勢に合わせた前向きな政策を適時に打ち出せません。また、新たな品目、たとえば飼料用トウモロコシには補填をする根拠がみつかりません。だから、貿易自由化の対策で関税が下がったから直接支払を入れますということではない、別の論理で、国内の農地を守るために、なおかつＷＴＯで問題になりにくいかたちで、土地利用型農業を守れる政策を組んでいく必要があると思います。そうしないと、今日的な課題には応えられません。日米交渉とＷＴＯにどう対処していくかということから、今のゲタ・ナラシの枠組ができています。現在、もう時代が違うということです。

――ＥＵでは、人の確保はどのようにしているのですか。

平澤　ＥＵは競争力があるので、日本よりは人の確保の状況はいいでしょう。でも今、担い手が五〇歳代になることが問題になっています。日本に比べればまだまだ余裕がありますが、ＥＵにとっては衝撃的です。スイスは、三〇歳代、四〇歳代の分厚い農業者の層を確保しています。ＥＵと比べて、直接支払が非常に手厚いことが大きな要因だと思われます。また、ＥＵと違って、直接支払のいわば定年制があります。国民年金の水準が非常に高いので、両方貰うわけにはいきませんから、六十五歳で国民年金を貰えるようになったら、直接支払は貰えなくなります。そうすると、誰がいつ引退するかがわかっているので、その農場を継ぐことを目指し易い。就農の前に、三か所の農場で見習いをする制度もあり、自然とつながりもできるはずです。そうした形で、どの村のどの農場がいつごろ空きそうかが大体分かっていて、継承者がどこの農場をいつ引き継ぐつもりなのかという目算が立ち易い。農業学校には若い人が集まっており、そうした制度がうまい方向に働いているようです。

競争力だけに任せていると、競争力の高い国だけがそれなりに人を確保できるわけですが、それでも他の産業に比べると、労働がきつく長時間で休みがなく、場合によっては、人里離れたところで働くことになるので、競争力のあるアメリカ、オーストラリアでも、だんだん若い人は減っています。それは避けられないのですが、たとえ競争力が弱いスイスであっても、しっかり所得を支えられる直接支払をいれて、世代代わりの目途がたつ制度によって、若い人を確保できています。日本は、七〇歳、場合によっては八〇歳になっても頑張っていただくことで持ちこたえているような状況なので、直接支払の年齢制限はあまり参考にはならないかもしれませんが。

――日本では水田の多面的機能として水利や伝統文化の伝承を含んでいると言われますが、ＥＵでの多面的機能はどうなのでしょうか。

平澤　日本とＥＵで違うのは、日本では、多面的機能は農業生産を除いた結果、食料安保が入っていません。スイスの場合は、食料安全保障も含めて農業の多面的機能です。日本では、多面的といいながらなぜ食料安全保障が入っていないのかが不思議です。多面的機能というなら外す必要は無さそうに思います。また、畑作地域であるＥＵでは、水田はそれ自体が良いものだと考えられているようです。根拠を上げると、農地は水田であればそのことだけで、ＥＵの直接支払の環境要件のかなりの部分を達成できます。たとえば、輪作をしなくてもいいし、環境重点用地であるとか、各種の要件が免除さます。景観機能ももっているし、生物多様性の高い高度な景観として例示されているなかに、テラス・フィールド、つまり棚田などの階段耕地が入っています。当然、そこでは水の調節もしています。そういう意味では、積極的に評価されている面があります。ただ、伝統文化伝承の話は、ＥＵではあまり聞きません。

――一九九九年の農振法改正で、地方分権のからみで、農水省から必要農地面積を導入すべきではないかという議論がでました。その結果、その方向で答申がでて、それを踏まえて、農振法の改正をしています。ですから、国が必要農地面積を示して、それを踏まえて各都道府県が県の構想の中に必要農地面積を入れ、さらにそれを踏まえて各市町村が農振計画を策定するという手続き規定が整備されています。それは、食料安保の観点から、農地を勝手に転用されたら困るということで、農水省が最後まで抵抗していたときに、カウンタープロポーザルとして、そこまでいうのだったら、政府が必要農地面積を示せばいいのではないかということになったわけです。最終的には、空間計画というヨーロッパ型の都市計画にもってかないと意味のあるかたちにはならないとは私も思いますが、パーツとしては、その当時の農水省は努力はしていたのですが、結局、新しい基本法や基本計画で本気になってやっていたかという話になると、法律はつくったものの、運用面においてはほとんど機能しなかったのではないか。

平澤　そのような制度が今でも生きているのであれば良いと思います。そうした経緯があるなら、さらに発展的に進めることも考えられないでしょうか。また、土地制度には疎いのですが、土地の利用計画の制度を見直す際は、農業以外の要素も必要でしょう。農地に限らず、山も都会も、持ち主不明等の問題もあるので、どこかで全体とオーバーホールをする必要があるのではないかと思います。そのときには、農地もきちんとやらないといけないでしょう。

――検証部会で価格転嫁が議論され、国民には再生産可能な価格を形成していこうという方向が強いと聞いています。国民の理解を得るために、そうしたところに主張の力点が置かれているように思われます。一方EUでは、食料安全保障が大事で、そのために直接支払が行われるということに国民の理解を得る努力がされているようにみえます。基本法の見直しで、食料安全保障のために直接支払を導入するということが抜けてしまうのではないでしょうか。

平澤　ＥＵは、直接支払をしっかりやったうえで、それでもマーケットには問題があるから、そこも調整しましょうということをいっているのです。価格にすべてを負わせ、再生産価格の実現まですべて価格でやろうとするのは、結局、価格政策への逆戻りです。消費者負担から財政負担へと、この三〇年続けてきたはずで、それを今、また戻す必要はありません。しかも、消費者は自らそれを自覚して買いなさいということになります。しかし、そうしたくない人もいるはずで、それは選択の自由ですということになると、国産品が値上がりしたからもう輸入品を買えばいいということになってしまいます。それは、ロジックとしては非常に厳しいもので、今の政策体系となじまないのではないかという気がします。また、食料の値段を引き上げることは、きわめて逆進性が強いです。消費税より逆進性が強いと思います。逆に、農産物とくに主食の値段を安く提供するということであれば、再分配効果が期待でき、経済格差拡大の現状からしても適切な政策だと思います。

――基本法というのはあくまで「基本法」であり、理念法です。具体的には、財政や制度まで落とし込まないと身になりません。ＥＵやスイスに学ぶべきことはたくさんあると思いますが、日本のなかでどうやって、ＥＵやスイスのような制度を政策の中に落とし込むかというときに、やはり農振法の改正あるいは農振制度をもっとしっかりしたものにするべきでしょう。農地制度というと農地法のことばかりいっていて、また農業経営基盤強化促進法、認定農業者、農地中間管理機構などのように、農地の集積ばかり強調して、農地のあり方、農地と環境との関係に関する議論がほとんど進んでいません。水田は環境にいいんだということを大前提にしてきましたので、ＥＵなどの空間計画のようなものを日本のなかで根付かせるためには、農振制度の根本的な見直しをする必要があると思います。同時に、土地改良法に手を付けないといけません。それらと直接支払を結び付けるという議論をするべきです。ちまちまとした、日本型環境支払ではなくて、農地と環境との関係の議論を再構築する必要があります。

平澤　やはり、農地をどう扱うか、土地に対してお金を払うとか、農地を残そうということになると、しっかりした土地利用計画の制度がある欧州で行われている直接支払を日本にもってきて同じように機能するか、そうはいかないだろうというご指摘と理解しました。

土地改良法は、今後、担い手が激減するなかで、土地改良区をどうするのかという問題もあります。とくに、米の需要が崩壊するなかで水利システムをどうするのかも大きな問題です。これにも、大きな制度の見直しが必要になってくると思います。気を付けないと、畑作に転換すれば補助金を出しますといわれ、虫食い的に日本のあちこちで、ひとつの水利区のなかで、様々な人が思い思いのかたちで畑作を始めて、もう水は要らないという事態は、水利システムの長期投資や運営と整合しないかもしれません。そこは、地域での意思決定や国の方針・計画のなかで調整しながらやっていかなければいけないでしょう。個々の農家の意思決定に任せればそれでいいということではなく、大きな転換を構想しなければいけない時期に来ているのではないかと思います。

―― 実態に応じて見直すためにも、基本法に理念を明示することに意味があるのではないでしょうか。

平澤　はい。実態をどう考えるかを念頭において、それにあわせて基本法と理念を組み立てていかないと効果は上がらないでしょう。そうした地道な作業を、時間をかけてやることが求められます。

（二〇二三・三・二二）

「基本法検証部会」での議論から

東京大学教授・農学部長
中嶋　康博

私は、現行基本法検証のための部会長として議論に参加させていただきました。その際の基本的なスタンスは、時代が要請する政策課題に応えるために現行の法律で足りないところを確認して、どのような改正をすべきかを明らかにするということでした。部会では、各委員から様々な意見を出していただきましたが、私自身の認識としては、この法律はかなりよくできた法律であり、目配りよく様々なことができる建付けになっていると思っていました。その上で、現在の枠組みで足りないものはないのか、時代遅れになっているものはないか、をチェックしていくことにしました。こうその際に、たとえば担い手の問題を突っ込んで議論するのには限界があると感じていました。こうした具体的な課題は、新しい基本計画での宿題として残されているのではないかと思います。

中間取りまとめまでの経緯

基本的には、食料安全保障をめぐる状況の再検討に力を入れて、かなりの議論をしたと思っています。その観点からすると、現行の基本法に加えて強化していかなければいけない部分としては、国内の生産力の向上、環境対応の促進、不測時の対応などが大きな課題となりました。価格転嫁についてもかなり議論されましたが、それが生産力の向上につながることを期待しております。

農林水産業・地域の活力創造本部が食料安定供給・農林水産業基盤強化本部となり、その本部からの見直し作業のとりまとめの指示があり、最終的には、五月一九日に中間とりまとめをしました。検討の前半では、ヒアリングを行いながら考えられる論点を洗い出していきました。そうした過程で、食料安全保障の問題を再定義する道筋をつけていったところです。

第九回まではテーマを決めて、各委員から自由にご発言いただき、それをすべて記録したうえで、一〇回以降、「基本理念」「食料」などのテーマごとに、各委員が何を話したかを整理・議論をして、最終的に中間とりまとめに向かって議論を進めたところです。五月一九日の中間とりまとめまでに多様な視点から、それぞれの分野で賛成反対を含めて非常に有益なご意見をいただいたと思っております。地方での意見交換会を経て、最終的に、中間とりまとめに加筆されたのは、農村現場でのファーストワンマイルの課題だけでした。私の個人的な感想としては、とりまとめまでにそうとう議論をしてきたので、ほとんどの指摘はそこで受け止めることができたのではないかと思っています。

とりまとめの議論では、まず基本法制定後の二〇年間における情勢の変化を確認し、それから今後二〇年の課題を確認して、そのうえで、今後の二〇年の変化を見据えて現行基本法の枠組みや主要施策を見直すというかたちになっています。たとえば、国民一人一人の食料安全保障という概念は今までなかったので、これが今回入ったのは非常に大きなことです。

環境に配慮した持続可能性への対応は農業と食品産業も対象となり、グリーン化を進めることが求められました。これまでも、環境に配慮していないわけではありませんが、これまでは多面的機能というポジティブな環境影響の維持向上を強調したものに限られていました。しかし、ネガティブな環境影響についても十分意識したものにしようということになりました。そのうえで、食料と農業と農村、それから改めて環境という項目を加えて議論したところです。

農村に関しては、やはり人口減少への対策が非常に大きな問題となりました。私の印象では、農村政策の部分で、農業インフラの機能確保を扱うことになったことは、非常に意義があると考えています。これまで、それを農業政策の中で位置づけてきたわけですが、その維持管理は農村の課題であるということについて議論をしました。

自給率についても、いろいろ議論がありました。それを含めた基本計画のあり方も検討されました。そして、注意深く検討されたのは、不測時の食料安全保障の問題です。

中間取りまとめの後で公表された「食料・農業・農村政策の新たな展開方向」では、食料安全保障のあり方から、関係団体などの検討項目が一覧にまとめられています。そして「食料・農村政策の四本柱」として、法制化、輸出促進、グリーン化、スマート農業が掲げられて、それらが今後の法制度改正、事業、予算化にあたってのポイントになろうかと思います。このなかで、法制化が明記されたのが、不測時の安全保障の法制化、価格転嫁関連の法制化、スマート農業の法制化です。それ以外にも関連する諸施策での法改正も予定されています。

穀物の貿易動向の変化と食料安全保障の考え方

食料価格の推移をＦＡＯのデータでみると、穀物そのものの価格変化も大きいのですが、それ以外の食料の価格も非常に大きく変化していて、いずれも二〇〇八年の高騰時以来の高水準となっています。そのような国際市況を踏まえて、食料安全保障の問題をあらためて考えなければいけません。とくに、ロシアによるウクライナ侵攻という地政学的な問題もあいまって、食料の安定供給はまったなしの課題になっています。今回の食料安全保障をめぐる懸念材料としては、担い手不足による食料供給力の低下の予想と、所得格差と地域格差による食料アクセスの悪化というものがあります。さらに、国力の低下がひびき購買力が相対的に低下してきていることから、買い負けをするのではないかという懸念があります。それに加えて地球温暖化による作況の変動もあり、国際市況が非常に変動しやすいという問題が食料ばかりでなく飼料にも影響し、さらにはロシアのウクライナ侵攻のような地政学的な事案がきっかけになって肥料・燃油の高騰も課題になっています。振り返ってみると、一九九〇年代は、実は束の間の安定期だったのではないかと思われます。冷戦は終結し、WTO体制になって世界的には安定して輸出入ができるという状態になりました。当時の日本は経済力を背景に国際的には地位が高かった。一方、今は世界的にはポスト冷戦が終わりを迎えつつある状況であり、国内的にはデフレが続いて経済が低迷して、国際的地位は低下し続けています。まったく一九九〇年代とは違っています。

食料の安定供給の確保については、現行基本法では、一八条と一九条に定めています。食料安全保障という用語自体は、不測時における食料安全保障として第一九条にあるだけです。今回は、この食料安全保障という概念を広げて、食料安定供給の意義に厚みをつけていくべきではないかという議論となりました。国内生産と輸入を組合せ、そして備蓄ももちながら、安定供給を確保しています。輸入も、国内生産の不足を補って輸入する部分と、国内ではつくれない食料の輸入を組み合わせる部分があり、それらによって豊かな食生活を国民に提供しています。しかしいずれも輸入に大きく依存しなければいけないわが国の現状をみると、今後はその脆弱性が懸念されます。

先ほど申し上げた通り、輸入については中長期的に今までわが国は好条件で輸入することができていましたが、今後はそう容易ではなくなることが予想されています。これは、非常に大きな問題だと認識しています。FAOの統計から穀物の輸入数量をみると、かなりの期間にわたって、日本は世界一の輸入国でした。最近必ずしもそうではなく、二〇一〇年代以降、中国の輸入が拡大していることが目立ってきています。ちなみに、中国が多くを輸入しているのはトウモロコシですが、今はひたすら在庫を積み上げているようです。今後、中国が自給できるのかというのは大きな問題だと思っています。中国の大量輸入が常態化することになるかどうかが注目されます。

食料安全保障の議論を深めるために、事務局からFAOの定義が提起されました。「全ての人が、いかなる時にも、活動的で健康的な生活に必要な食生活上のニーズと嗜好を満たすために、十分で安全でかつ栄養ある食料を、物理的にも社会的にも経済的にも入手可能であるときに達成される。」という定義です。そしてその状況を評価する上での四つの要素として、フード・アベイラビリティ（供給）とフード・アクセスとユーティライゼーション（利用）とスタビリティ（安定）が示されました。改めて、その観点から、日本の食料安全保障の状態を確認していくべきではないかと思います。

これまでは日本は豊かな国だから、食べることに困る人たちはほとんどいないという認識で、食料の安定供給はどうあるべきかを検討して現行の政策化・制度化が行われてきたわけですが、食料を手に入れることが困難な人が常にいるということと、その人々は不測の時には非常に難しい状態に陥ることに目を向ける必要があると考えられます。平常時と不測・非常時とは、意外と隣り合わせになっているのではないかという認識をもつべきであり、改めて食料安全保障を、日常的な状態のなかでもきちんと意識した食料生産をしていこうということが提案されたと理解しています。その結果、食品アクセス問題も重視し、子ども食堂やフードバンクなどの問題も取り上げました。

ちなみに国際的には、ＳＤＧｓの枠組みの下で、食料を確保すべきとされています。とくに飢餓をゼロにするという大きな目標のもとで、国連の食料システムサミットにおいて、「厳しい状況のなかでもわれわれはあきらめず、進めていこう」と宣言されました。この目標は単なる掛け声として終わらせるのではなく、この目標の中に複数のサブのターゲットを細かく設定し、状況をモニタリングする指標も細かく設定して確認しながら、食料安全保障、フードセキュリティの状況を改善していこうというものです。実は今、非常に厳しい状況にあります。二〇一五年からＳＤＧｓが展開してきたころですが、それが始まる前の段階では、かなり順調に栄養不足人口の数もその比率も下がっていました。しかしＳＤＧｓの時代になってからはまったく下がらなくなってしまいました。さらにコロナ禍において悪化したのです。加えて、単に栄養不足人口を調べるだけではなく、たとえばＦＩＳ（食料不安の経験尺度）という指標を用意して、その尺度で厳しい状況にある人々と中程度の状況にある人々の数も把握して、食料安全保障の状況をきめ細かく確認しています。この尺度によれば、北米などの先進国では低いながらも一定程度困難に直面している人がいることが示されています。日本は分離して把握されていないので状況が分からないのですが、そこまでではないにしても、最近はかなり気を付けなければならない状況かもしれません。その中でアフリカが非常に状況が悪く、さらに悪化しています。一方で実はアジアは少し改善してきています。このように、世界の状況も認識しながら、日本の食料安全保障の問題も意識していく必要があると思います。

一九六一年から二〇二一年までの人口と食料（穀物）の動向をみると、人口は継続的に増えてきますが、穀物はそれよりも速いスピードで増えてきました。にもかかわらず、八億人を超える栄養不足人口がいるのです。栄養不足を解決するには、これ以上穀物を作らなければいけないのかどうかが、食料システムサミットで議論されました。過去の国際市況を確認するため、トウモロコシ、小麦の輸出単価をみると、ソ連の小麦大不作や世界的な大豆不作の七〇年代の初めの時期に一気に価格レベルが高いところに上がり、そのあと、ほぼこの水準で推移していたのですが、二〇〇七年あたりでまったく違う状況に踏み入ることになりました。現行基本法ができたのがまさにこの頃だったのですが、今や当時の国際市場とはまったく違うステージに入ってしまったことへの備えが確実に必要になったのだと思います。かつてソ連は小麦・トウモロコシの大生産国でしたが非常に不安定な国で、世界のかく乱要素となっていました。アメリカ、ＥＵは二大生産地域として、世界への小麦の供給を担ってきましたが、九〇年代の半ばにＷＴＯが成立したあたりから、アメリカは小麦生産も輸出も大きく拡大しなくなってしまいました。ＥＵは、新たに加盟した中東欧諸国の増産もあって、このあともかなりのスピードで生産と輸出を増やしていきます。ソ連は崩壊したあと低迷しましたが、二〇〇八年頃の食料危機のあと、猛烈な勢いで生産と輸出を増やしました。

一九九五年頃から世界では人口と経済の成長を背景に食料の需要が増えました。また、肉の消費が増えたことが、世界全体の食料市場の需給バランスをタイトにしてきました。アメリカはトウモロコシの超生産大国で、今でも大量に生産し続けています。ＥＵやウクライナも増やしています。そのなかで、アメリカはバイオエタノール向けの生産が拡大していて、輸出を増やしていません。その結果、ＥＵとロシア・ウクライナからの穀物の輸出が拡大しています。現在、ウクライナ侵攻があり、地政学的な大きな変化が起こりました。ＷＴＯが締結された頃は、このような状況は想定されていませんでした。

食料自給率の状況と視点

供給熱量ベースの総合食料自給率は、一九六〇年には八〇％あったものが、二〇〇〇年には四〇％と半減してしまっています。この現象の理由として農林水産省は、自給率の高い米の消費が減少し、自給率の低い畜産物の消費が増加したからで、食料消費の構成の変化にあわせてそれぞれ自給できているかできていないか、ということで説明されていました。そういう状況の中で、今の基本法による基本計画の下で自給率目標をたてたわけですが、四五％という目標値が五回のうち四回示されています。これを実現するべく、各品目の生産努力目標を示し、飼料作物を含め、それらの量が達成されれば予想される需要のもとで四五％が達成されるという枠組みになっていました。しかしながら、それがまったく達成できなかったわけでして、これはいったいなぜなのかということは振り返るべきです。

なぜ食料自給率が下がってしまったのかを、もう一度、少し違ったアングルから考えてみます。これまでは、一人当たりの供給熱量ベースで議論されてきましたが、人口の要因が非常に大きいのではないかと考えました。自給率は、分母が国内消費、分子が国産供給の割り算で計算されます。この分子と分母の値を、一人一日当たりの供給熱量ではなくて、人口と日数をかけて、年間当たりの供給熱量で計算してみると、見え方が違ってきます。ベビーブームで人口がすごく伸びている時期は分母が急増し、一方の分子は減っていました。当時の農業の産出額は、この時期に非常に増えているにもかかわらず、分子の国産供給が減っているのは、カロリーベースでみるからです。産出額が増えたのは畜産振興によるものですが、その畜産は輸入エサで支えられています。一キロの牛肉を生産するのに一〇キロの穀物を使わなければいけないので、正味でみると自給率は減ってしまいます。それが、自給率を下げた大きな要因だとみられます。次の時期になると、人口の増え方も消費の増え方も少しだけ緩やかになっていますが、分子が少し増えたので、自給率は一時的に下がらない状況になります。実はこれを支えたのは水産物です。

一方、一九八五年以降、再び国産供給が低下し始めたので、ここで、再び大きく自給率が下がります。今の基本法の時代になってからは、自給率はほぼ四〇%で維持されています。これは、分子が減っても分母が減り始めたからで、同じようなペースで下がってきているため、自給率は維持できています。基本計画で目標を設定したから自給率が維持できたのではなく、分母の動きによって決まってきたということです。最近また、じりじりと四〇%以下に下がっているのは、分子がさらに下がっているためです。

分子を上げなければいけません。今の基本法ができたときに、もしも分子の国産供給を一定に維持することができていたならば、四五%は無理だったかもしれませんが、四二~四三%くらいは達成できていたかもしれません。維持すらできなかったのが、今の日本農業の大問題だと思います。

たとえば二〇一五年の基本計画のときに、三九%を四五%にするという目標を定めました。現在の基本計画では三七%を四五%にすることになっています。基本計画では一人一日当たりの国産供給熱量と供給熱量の比率で説明されているのですが、ここでは分母と分子の両方に人口をかけてみます。それを踏まえて解釈してみると、前回の基本計画では国産供給熱量の総量を一・〇五倍すれば四五%になれ、現在の基本計画では少し厳しくなってしまいますが、それでも一・〇六七倍すれば四五%になります。一〇年間で五%や七%伸びればよいので一見楽な目標のようにみえますが、これはけっこう厳しい。これまでずっと下がっているにもかかわらず、五%から七%増やすとなると大きな転換が必要で、しかも産出額ではなくて供給熱量として上げなければいけないということは、輸入のエサに頼っている状況のもとではかなり厳しいと思います。もっとも、四二%、四三%程度ならば可能ではないかと思っています。

国内農業生産の状況

自給率の計算で、国内生産が下がっているわけですが、産出構成をみると、米が減って園芸と畜産が増えています。ここで注目したいのは、名目の産出額です。一九八五年から減り始めて、最近少し増えています。九兆円を超えていたものが、また少し減ってきました。これを物価指数で実質化してみると、一九八〇年代半ばからずっと一貫して下がっています。名目が上がっても実質は向上していません。これが、先ほど、自給率が八〇年代半ば以降下がり、さらに二〇〇〇年以降じわじわと下がってきた背景にある要因です。主要諸外国の生産を、二〇〇〇年を一〇〇とした指数で見てみると、二〇二一年で一〇〇を下回っているのは、日本、ドイツ、スウェーデン、スイス、フランス、韓国にとどまり、多くの国で農業は成長しています。この話は、検証部会でも紹介されました。最近は円安の問題もありますが、実質的にも下がっています。

農家は減り、労働力も大きく減りました。農地面積も耕地利用率も減っていて、投資も大きく低下しています。農業への生産資源の投入がひどく低下している。ＯＥＣＤの日本農業に関するレポートをみると、八〇年代から投入が減り始め、九〇年代、二〇〇〇年代に大きく低下しています。ただし、実質総産出額の動きでみて、総投入ほどには総産出はそれほど下がっていないという状況がみられます。それは、全要素生産性、つまり技術進歩があったからです。これほど労働も資本も土地も少なくなっているにもかかわらず、この程度の縮小ですんだのはそのお陰です。今後の課題は、この全要素性生産性の向上ないし技術進歩をしっかり維持していくことです。そのために、スマート農業が必要であり、それを実現するためには絶対に投資が必要なので、投資を促進するための制度的な下支えが必要です。

一九九〇年代の前半から二〇一〇年くらいまで農産物価格が低下し続けました。その背景には、消費段階での食料価格の水準が一五年以上低く維持されていたことがあります。一方、二〇一〇年半ば前後に、農産物価格、食品価格が上昇し始めました。その時、国際穀物価格が上昇していました。そのことにより飼料価格も上がることとなり、最近では肥料価格も上昇し、農業資材価格が高騰して農業経営にとって非常に厳しい状況となりました。このことは、検証部会での大きな話題になっていました。

食料消費の変容

私は、農産物価格が低迷して、結局それが農業の収益率を非常に低くしてしまい、その結果、労働の面でも投資の面でも土地利用の面でも、低投入状態を招き、産出を引き下げてきていたのではないかと考えます。そう考えると、根本的な問題の一つは消費にあると思います。一九九〇年代の状況は、今の基本法を見直すうえでの起点になっているわけですが、これ以降の二〇年間、三〇年間が停滞期であったことがもたらした影響にも目を向けるべきと考えています。

産業連関表をみると、食用農林水産物の生産額一一兆円に対して、飲食費の支出額は八四兆円くらいです。この金額を、一九八〇年代から追跡してみてみると、九五年から二〇一一年の間に、長い停滞期のあったことが分かります。最近、少し回復の動きがあるものの、この停滞期の影響が非常に大きかったのではないかと考えられます。

飲食料の最終消費額がなぜ下がってしまったのかを要因に分解して分析してみますと、九〇年代の後半には高いものを避けるということから飲食費が減り始め、その後、二〇〇五年からの約五年間、一人一日当たり供給熱量が減る、食べなくなることで飲食費が減ってきました。最近になって、少し回復しており、それは再び高いものを買うようになったということです。いずれにしても、この動きにはかなり景気の影響があるはずです。九〇年代のはじめにバブルが崩壊して景気が悪くなり、デフレにもなって、賃金が上がらないという状況でした。

国民栄養調査によって、国民の摂取エネルギーの推移をみると、一九七〇年代からずっと下がり続けています。一方、たんぱく質や炭水化物など栄養素別の摂取動向をみると、一九九〇年までには、増えるものも減るものもあり、メリハリのある栄養摂取が進んでいます。しかし、九五年から二〇一〇年の間は、どの栄養素も減っています。つまり、全般的に食事をとらなくなってしまっている。これは、かなり異常な状態です。消費額も栄養摂取も減っていて、特殊な時代だったのではないでしょうか。この特殊な時代がちょうど現行の基本法がカバーする時期でした。こういう消費の動きが、最終的に農産物価格を抑制するような形で影響してきたのではないかと思います。総務省の家計調査をみると、トータルの消費支出はまったく向上していません。これを増やすことがデフレ脱却のカギになるのですが、なかなか事態は変わりませんでした。ところがここにきて食品の支出額については増えていて、その結果、エンゲル係数が上がってきています。これが、家計への負担感が非常に強い要因です。私は、こういう状況の下で食品の値段を上げるのは簡単ではないと思っています。

ちなみに、消費が減り続けているという問題は、以前の基本計画の検討時も意識されていました。戦後の消費の動きをみると、昭和の時期はマーケットが拡大している時期、平成に入ってマーケットが停滞して、その後はマーケットが縮小する時期に入っています。こういう状況下で、農業政策のあり方をどうするのかという議論がありました。マーケットが停滞しはじめた一九九五年頃にはＷＴＯ体制が始まり、それに備えて様々な支援策が打ち出されました。ちょうどそのころ、日本は円高が続いて、海外から安いものが入ってくると同時に、一方で輸出の可能性が著しく限られることになってしまいました。その結果、作ったものは全部国内市場で売らなければならないならば、価格は低迷せざるを得なくなり、農業としては八方ふさがりの時代になってしまったのではないか。そうなると収益率は下がり、担い手は確保できず、投資も減っていくことになります。そこで、何をやるべきなのかというと、自給率が低く全般的に国内生産が不足している中で、生産を振興することはもちろん基本中の基本だと思いますが、実はその際にあわせてマーケットの創造をする必要があったのではないかと思います。そういった消費政策がかつてはなかったわけですが、今や注目されるようになりました。

二〇一五年の基本計画のときの政策を確認すると、農業政策の枠組みは、活力創造プランで形作られるようになっていました。そのときの基本的考え方は、チャレンジする農林水産業経営者を育てるということで、そこでのポイントは、バリューチェーンの構築と需要フロンティアの拡大、生産現場の強化、多面的機能の維持・発揮でした。生産現場の強化と多面的機能の維持・発揮は生産政策です。バリューチェーンの構築と需要フロンティアの拡大は消費対策といえます。農林水産省からは、生産現場の強化をしたあとに、バリューチェーンの構築をして、さらに需要フロンティアの拡大をしてから、多面的機能の維持・発揮を進めて、再び生産現場の強化に戻ってくる、という無限ループのようなかたちの政策を進めるという説明を聞きました。消費が低迷する中、こうしない限りは、当時の問題を解決できないと理解したところです。現在の基本計画でも、全体の建付けは同じです。今後つくられる基本計画は、いったいどこにポイントがあって、何をどういうふうに入れ込むのかはこれから注目すべきところでしょう。

中間とりまとめの論点・争点

担い手はだれかという問題は、経営体の議論をするなかで大きな争点となったところです。多様な農業人材の位置づけについては、「農地を保全し、集落の機能を維持するためには、地域の話し合いを基に、……農業を副業的に営む経営体など多様な農業人材が一定の役割を果たすことも踏まえ、これらの者が農地の保全・管理を適正に行う」ことが、私は大事だと思っています。スマート農業の技術などこれらの技術を活用した作業代行等を提供する農業支援サービス事業体の育成・活用を推進することが盛り込まれました。つまり、多様な農業人材もそうですが、一部の作業に特化した、最新の技術を使って支援するような、農業支援サービス事業体も組み合わせて農業経営を行っていくということです。そのサービス事業体は担い手という位置づけにはならないという意見もありましたが、現実問題として、特にスマート農業を導入するときにはこれが非常に重要だろうと思っています。多様な人材の活用による農村の機能の確保という部分は、農村政策のなかからでてきた論点です。

　価格転嫁の問題については、食料政策の見直しのなかで、あるべき価格形成の議論が行われました。現在、「適正な価格形成に関する協議会」で議論されているところです。私自身としては、積み上げたコストのすべてを価格へ反映させるのはかなり厳しいと思っています。資材の価格が上がっているなかで、経営として非常に厳しい状況にありますので、価格を上げないと持続的に経営していくことはできないわけですが、消費者が買ってくれないと、これらの取組も空回りしてしまうのではないかという議論はありました。うまく好循環につなげていくためには、やはり賃金が上らなければならない。ただ、価格転嫁の問題でもうひとつ重要な議論となったのは、環境問題対応にも費用がかかりますので、それが適正に価格に転嫁されて、消費者に支払っていただけるようになっていくべきではないかということでした。環境に関する施策の見直しでは、食品ロスが問題として指摘されています。

不測時における食品安全保障については、現在も「緊急事態食料安全保障指針」が用意されていますが、実効が伴うかどうかの限界が議論されました。たとえば、緊急事態のトリガーが不明確、不測時における個別の対策手続きが不十分、といったことです。輸入が止まってしまったときにどのように安定供給を確保するのかということですが、輸入をなんとかして再開させるという対策をとるにしても、一定程度の期間は流通在庫をうまく利用しながら、人々に公平に食料を提供していかなければいけないわけです。それを実行するための制度的な裏付けが十分ではない、財政的な裏付けも十分ではないということが、検証部会のなかでも議論がありました。そのための法改正が必要であろうと思います。生産を増やすようにどのように指示するのかも懸念されるところですが、まずは不測時の流通部分の対策を強化することに大きな課題があるという感じがしました。いずれにしても、不測時における食料安全保障に関する検討会が立ち上がっていますので、そこで整理をしながら、法制度の改正も検討されていくと思っています。

（なかしま　やすひろ）

〈質　疑〉

――農村女性の役割については、どんな議論がなされていますか。

中嶋　とりまとめのなかにも、女性の役割については十分書き込まれていると思います。経営者としての役割や、農村の中での様々な役割を果たしていただくことへの期待は大きいものがあります。印象深かったのは、中間とりまとめをする少し前のたたき台のときに、生活者の視点を反映させるために女性の役割をと書いてあったのですが、それだけを強調するような印象をもたれるので、そのような記載はやめましょうということになり、削除されました。

――人口減少のなか、攻める農業をするための輸出の可能性はありますか。

中嶋　検証部会のなかでは、一回目にも、輸出の話をかなり突っ込んでしました。輸出をするくらいなら、輸入を押し出すように、輸入代替の対策をするべきではないかという意見もありました。輸出を契機にして経営が発展するとか、様々仕組みの改善の効果も含めて、若い人も参加していただくためのビジネスを発展させるという意味も含めて、輸出への期待について相当議論されて、皆さんの理解が得られたのではないかと思います。

――多様な担い手というのは、具体的にはどのような形態で、どのくらいの数を想定しているのですか。現行の認定農業者制度はその政策に適合できるのか。新たな形態の定義が必要ではないでしょうか。

中嶋　基本的には今後の基本計画のなかで詰められていくことだと思います。検証部会でも議論されましたが、かなりの勢いで農業労働者が減って四分の一になってしまうという非常にショッキングな将来予測が示されました。今は、頼れるならばだれにでも頼る必要があると思います。そういう意味では、多様な人材に、付加価値の高い経営をしていただく、農地を保全することで活躍していただくことは、ありではないかと思っています。また、農業サービス事業体という形での参加の仕方も考えてもいいのではないかと思います。

――食料・農業・農村基本法見直しのきっかけはどんなことだったのでしょうか。

中嶋　これは、食料安全保障が中心です。

――バイオ燃料の原料としての生産やバイオマスについてはどのように考えていますか。

中嶋　それについての議論はあまりなくて、燃料に使う作物についての議論がある委員から指摘され、とりまとめの中でも触れられています。しかし、耕作放棄を解消する手段としての期待は議論されたと記憶しています。

――小麦、大豆、飼料作物についての議論はありましたか。

中嶋　それほど多くの議論はされていませんし、配布資料のなかでデータとして示された以上の印象はあまりありません。

――不測事態における穀物などの生産転換指示について、私権の制限に抵触する可能性はないのでしょうか。

中嶋　そこまで踏み込んだ議論をしているという印象はありません。不測の事態というのはまずは輸入が滞った時の問題で、国内生産が不作になって輸入しなくてはいけなくなって、それで足りないということも含めて、輸入の問題ということではないかと理解しました。

――審議会のあり方について、二〇一五年の官邸との関係については、何か検証されたのでしょうか。また、価格転嫁については、直接支払の議論はどうでしょうか。

中嶋　基本法の見直しそのものも、総理からのご指示で行われていますので、そういう意味では官邸の指示ということかもしれません。私自身は、二回前の基本計画策定に参加していましたが、そのときは、農林水産業・地域の活力創造本部の枠組みのなかで、基本計画を位置づけていたことについて、極端に大きな違和感はありませんでした。幅広くかつその時代の中の政策枠組みを提案していたという安心感があったのかもしれません。今回の四本柱を含めて、どこに注目をして予算をつけていくかというあたりは、議論しなければいけないところなので、バランスをとりながら、政策の改革を目指していくのではないかと思います。

　グリーン化に関しての直接支払に関しては、財源がないことと、結局消費者が納税者として払うことになるので、ある種の受益者である消費者の意思を表明する手段として、一定程度、自分たちの価格のなかで支払っていくという仕組みが必要だとは思います。ただ、ヨーロッパでの対策も含めて、一定程度の環境支払は、手段としては成立すると思います。

―― 農林水産物輸出を産業連関表で分析して、それを増やすことで、農業者の所得を上げていくことは分析されたうえで、輸出を柱にいれたのでしょうか。

中嶋　農業者の所得を増やすところまではなかなかいっていないのではないでしょうか。とくに水産物輸出が非常に多く、酒類も多いので、その価値は食品産業に帰属するということだと思います。酒でもウイスキーの原料は海外に頼っているので、これも難しいと思っています。輸出が成功するまでには時間がかかるので、ある程度長い目でみて育てていく必要があるのではないかと思います。新しいことにチャレンジするというのは、若い人材をこの分野に招き入れるためには重要なことだと思いますので、そういったところに期待をしています。輸出に関しては、とくに流通ルートを確立する必要があります。当初、非常に混乱して、いろいろな産地が一挙に海外にでていって競合し、潰しあいをするようなことがありましたが、今は、経験を積み、国の輸出本部のほうで戦略的に対応できているようです。

―― 担い手の激減を止めることはできないのでしょうか。担い手減少には、とくに米価の市場形成をはじめとして、農産物の市場開放なども影響しているのではないかと思います。そうしたことに関する検証はあったのでしょうか。

中嶋　現在の基本法のもとでの政策体系では、とくにＷＴＯが始まって、世界的な枠組みのなかで、マーケットで価格が決まってくるという体制を取り込まなければいけなくなってしまったということを前提にすることになりました。また、需要に見合った生産という議論を検証部会でもかなり詳しくしたのですが、消費者の意向をくみ取るためにも、市場をうまく利用する必要性があるということは再確認されました。そのなかで、たとえば経営安定対策のナラシを含めて、収入保険など、安定化させるための政策はきちんと用意しなければ機能不全を起こすことも認識されていたと思います。現在の状況は、国内消費が非常に低調になってしまって、そのために価格を引き上げることができませんでした。一方、世界的には食料価格は上がっていたんですね。それにもかかわらず、日本は上げることができなかったのは異常です。また、円高が長く続いたことも影響しています。円安に振れた時期もありましたので何ともいえませんが、八〇年代半ばから九〇年代はじめくらいから二〇〇〇年初めくらいまで、全体的に円高が進んでしまい、海外から安いものが入らざるえなくなって、輸出ができなかったわけです。最近では円安になって、アメリカの一部の品目によっては、日本のものより安くなっているという状況が起きています。そういう状況を考えたときに、マクロ経済の環境が、日本の農業に与えた影響はすごく大きく、その悪夢から脱出することができるのかどうかが大きなポイントです。

――　食料安全保障にはコストがかかり、それを消費者に理解してもらう努力をしていかなければならないのですが、そうした部分の議論はありましたか。

中嶋　おっしゃるとおりで、先ほど国連の食料システムサミットの話をしましたが、世界には相当程度の栄養不足の人々がいて、まだまだ人口が増えて、これから経済成長をするなかで食料が確実に足りなくなることが予想されています。快活するためには、食料の増産を考えなければいけないということになります。ただそうすると、温室効果ガスをさらに排出することになってしまう、生態系をよりかく乱してしまうというなかで、環境保全型農業を広げながら増産するのか、それとも増産は一定程度に抑えながら、食料システムの効率性を高めて、食べ物に困っている人々に食料をいきわたらせることができるかという議論がされました。

この世界的な文脈は、日本にも当然適用されることであって、自給率の低い日本は、増産は一定程度しなければいけないのですが、それは決して環境を無視したものにはなりえません。温室効果ガスも生態系保全も、地球環境だけでなくローカルな環境保全についても配慮しなければいけないのは当然だという時代になっています。そこにコストが掛かるということを含めて、消費者の方々に理解してもらうのがとても大事だということは、かなり検証部会でも議論されましたし、取りまとめのなかにも書き込んだつもりです。そうしたコミュニケーションをどうとっていくかというところは、これからの基本計画のなかでもかなり議論されていくものだと思います。私は、相当程度食育に期待しているところです。

——スマート農業の推進について、現場で大きな壁になっているのは、大区画にするのはいいのですが、大型機械を移動させるには道路が狭いあるいは橋を渡れないといったことで、生産性の向上が阻害されています。そうした議論がありましたか。

中嶋　私の記憶ではなかったです。農道に関しては、農業基盤整備事業のなかではもう済んでしまったところがあります。しかし、道路は大事で、スマート農業では無人化技術もでてきており、そのためには、道路や電波の整備もしなければいけません。圃場の整備とあわせて地域の整備が必要だと思います。

——前の農業基本法は農業・農村の地位の向上が理念でした。現行の基本法は、農業の市場化と効率化ということだと思います。次の基本法の理念はどんなものになるのでしょうか。

中嶋　理念そのものの大きな変更はないのですが、今回強調されているのは、「国民一人一人の食料安全保障の確立など」「環境等に配慮した持続可能な農業・食品産業への短観」「食料の安定供給を担う生産性の高い農業経営の育成・確保」「農村への移住・関係人口の増加、地域コミュニティの維持、農村インフラの機能確保」です。とくに環境に関していうと、以前は多面的機能というかたちでの環境のとらえ方があまりにも強すぎたので、地球環境も含めて環境に配慮するという理念が出されたのは、現代社会にとって重要な論点を示すことになったのではないかと思います。

生産性の高い農業経営の議論では、働き手が不足するなかで、スマート農業を導入しなければいけないということが意識されました。農村の部分では、日本全体の人口が減り、とくに農村の人口が減って、地域力が下がっているなかで、農業そのものをどう維持していくかという、一九九〇年代とは一線を画するくらいの非常に厳しい状況を認識した様子がここに書かれているのではないかと思います。

――現在、作成が進められている地域計画では、農地の集約化が生産性を決定されるようなことになっているようですが、地域計画に関する議論はありましたか。

中嶋　私の記憶では、その部分については、それほど議論は行われなかったように思います。集約化が大事だということはありますが、生産にとってそれがすべてだというような議論はなかったと思います。

――スマート農業のようなハイテク利用よりは、品種改良や生産方式の変更など既存の技術のブラッシュアップが生産性をあげるのに有効な場合があるのではないでしょうか。

中嶋　温暖化への適応問題は決して無視できないと思います。ただ、私の印象では、新しい技術が利用可能なのかどうかというとあたりが、非常に強く示されていて、ほかの国に比べると、この二〇年間の生産性の伸びの低さへの不安感・焦燥感をどう解消し、新技術へキャッチアップするか、新しいニーズが適用できないかということへの期待が強かったのかもしれません。今のある技術の磨き上げや改善でも相当な部分はできるのはそのとおりだと思います。検証部会でも、ドイツの例をだして、育種選抜のあり方の問題が指摘されたこともありました。労働生産性も土地生産性もどちらも低いので、労働生産性に関しては、スマート農業が非常に注視されていますが、両方引き上げていく必要があるでしょう。

―― 再生産可能な価格の実現に関して、市場機能や価格形成のプロセスの議論はなかったのでしょうか。

中嶋　そうした部分に関しての議論はありませんでした。価格形成に関しては、価格転嫁が中心になってしまっていて、再生産価格の意識はかなり強くでていました。

（二〇二三・一〇・三一）

食料・農業・農村基本法関連施策の具体化にかかるＪＡグループの重点要請

全国農業協同組合中央会 専務理事
馬場 利彦

基本法見直しとＪＡグループの対応

令和五年一一月九日、ＪＡ全中理事会において決定した、「食料・農業・農村基本法関連施策の具体化にかかるＪＡグループ重点要請」の内容について説明させていただきます。

これまでＪＡグループは、食料安全保障強化のために、基本法の見直しをすべきだと、政府・与党に働きかけをしてまいりました。現行の基本法ができて以来、食料自給率の低迷、農業生産基盤の弱体化、国際化の進展のもとで、世界的にも、自然災害の多発化、そして世界的な人口増加のなかで、食料の安定供給リスクが高まっています。加えて、コロナ禍やウクライナ情勢が加わって、いつでも海外から容易に食料が手に入るという状況ではなくなってしまっています。肥料原料なども同様で、そうした資材価格の高騰によって、農業の持続性が問われているように思います。そうしたなかで、ＪＡグループは、食料安全保障を重点課題として政府・与党への要請運動をこれまで展開してまいりました。

そもそも、昨年（二〇二二）二月、自民党で、食料安全保障に関する検討委員会が森山裕先生を委員長にして立ち上がりました。その際も、全中前会長の中家会長が先頭に立って働きかけを行い、基本法の見直しを提起させていただきました。そして、自民党の中間とりまとめを踏まえて、政府で、昨年九月、食料安定供給農林水産業基盤強化本部が立ち上がり、岸田総理が基本法の見直しに言及され、政府で基本法の検証部会が立ち上がり、月二回のペースで議論されてきました。全中前会長の中家会長も、参加して意見を申し上げてきたところです。

なお、令和四年一一月には、食料安全保障強化政策大綱が自民党から提言され、一二月には、政府の本部で決定され、予算の裏付けを確保したところです。さらに、令和五年五月、われわれの政策提案を踏まえて、自民党で新たな政策展開方向と基本法見直しの提言がなされ、政府がそれをもとに、六月、「食料・農業・農村政策の新たな展開方向」がまとめられ、また、基本法検証部会でも中間とりまとめと答申がなされました。いよいよ次の通常国会で、基本法改正が予定されています。

その過程の中で、ＪＡグループは基本法の見直しに向けた組織討議を二度行い、生産現場の意見を踏まえた政策提案を先ほども申し上げた通り令和五年五月に決定し、働きかけをしてまいりました。この政策提案は、基本法検証部会の中間とりまとめや党・政府の本部で練られた「食料・農業・農村政策の新たな展開方向」において、ほぼすべての項目において反映されたと認識しております。

そして今、基本法の条文や関連法案、関連対策の具体化に向けて、自民党では基本法検証ＰＴのもとでの三つの分科会で精力的な議論がなされ、一一月中の取りまとめがなされるという局面です。国会では、経済対策、補正予算の議論もなされています。この年末にかけて、令和六年度の予算編成も山場を迎え、食料安全保障強化政策大綱も改訂が予定されています。ＪＡグループでは、その意思反映に向けて、三度目の組織討議を行って、今回、重点要請を決定いたしました。

食料安全保障の強化

ポイントの一番目は、平時からの食料安全保障の強化を基本法の目的として明確に位置付けることです。これが一丁目一番地です。基本計画も意識して、食料自給率および食料自給力を含め、食料安全保障の状況を的確かつ定期的に評価し、課題の解決に向けて施策に反映する仕組みを具体化することです。あわせて、不測時における政府全体での対応整備が必要ですが、新法として、食料安全保障法案を提言しています。これに関連した予算については、なんといっても、食料安全保障に向けて、万全の農林水産関係予算を確保することとしています。昨年度の補正予算で、食料安全保障構造転換対策として、一六〇〇億円ほどつけていただいておりますが、今国会で補正予算の審議が始まり、食料安全保障関連予算については、二〇〇〇億円を超える予算に拡充されています。

次に、生産資材の安定供給です。現行基本法では、生産資材については、「生産・流通の合理化」としか書いてありません。ここに、「生産に必要な資材の確保、安定供給」という文言が入らなければいけないのではないかと考え、あわせてその施策の一体化を図るように提言しています。

また、国内資源の最大限の活用に向けて、耕畜連携やその円滑化に向けた環境整備、定着化のための制度拡充を具体化することを求めています。関連する予算としては、耕畜連携の強化を通じて、堆肥・飼料の利用拡大を強力に推進することと、合わせて国内資源の有効活用および輸入依存からの脱却に向けた体制の整備です。国内生産資源・資材の流通・保管・散布等への支援を講じることも訴えています。

農業者の経営安定対策については、引き続き措置するとされていますが、それは価格の低下に対する経営安定であって、生産資材の高騰などに対する生産コストの変動に対する対応のあり方にまでは言及されていません。そういう面では、とりわけ肥料の価格高騰時における補填対策が必要です。これは、令和四年に措置されましたが、そうした仕組みをあらかじめ用意しておくことで、機動的に発動できるようにしておくべきだとしています。関連予算対策では、肥料の高騰時の補填対策にあわせて、化学肥料低減にかかる取り組みを確実に定着させることや、畜産・酪農経営の動向を踏まえた十分な影響緩和対策、燃油高騰対策等についても十分な予算を確保することを要請しています。また、地方交付金が補正で措置されていて、一兆六千億円ぐらいになっていますが、そのなかの物価高騰対策のなかに、農林水産業の資材の価格高騰への影響対策も入っています。そうしたことの拡充も求めています。

輸入依存度の高い麦・大豆、飼料作物等の増産、および穀物の生産・流通の施策の拡充を図ることと、あわせて、国産飼料については、畑地化によって飼料作の生産性向上の取り組みへの継続的な支援を求めています。保管・流通体制の整備をするための施策の拡充も求めています。

備蓄のあり方に関しては、現行の一〇〇万トン水準を堅持するべきとしています。麦・大豆等についても、安定供給が図れる政策を措置することとしています。関連対策では、畑地化促進事業について、その単価の維持、予算の拡充等を求めておりますが、それも今の補正予算案ではそのまま措置されています。

再生産に配慮した適正な価格形成の実現と国民理解の醸成・行動変容

現行の基本法では、「合理的な価格」をいっていますが、「合理的な価格」とはどういうことか疑問です。そこで「農業の持続性を維持するためには、農業の再生産が担保された適正な価格形成が必要ではないか」と提起しました。法制化に向けて、より具体的に、先行実施する品目を特定して具体的な議論を進めるなど、法制度の早期実現を図ることを求めています。いずれにしても、生産資材価格が高騰している一方で、農畜産物の価格そのものはほとんど上がっていない状況で、ほとんど価格転嫁ができていません。だからこそ、改めて、適正な価格形成の法制化を早急に図ることを求めています。

そのためには、消費者理解の醸成が必要不可欠です。食料・農業の価値あるいは役割や現状について、消費者への理解増進を進める施策や学校教育での施策を拡充する必要があるでしょう。あわせて、消費者の行動変容につながる施策を抜本的に拡充することとしています。農水省は、「ニッポンフードシフト」といっていますが、われわれは「国消国産」という言い方で、国民理解の醸成に努めているところです。なかなか大変ですが、学校教育、食育等など生産者の取り組みへの支援を講じることも求めていますし、学校給食や公共調達では、地元産や国産を適正な価格で積極的に利用することを求めています。

また、食料品購入へのアクセスすることが困難な事態が顕在化しているなかで、移動購買車への支援など、国民一人一人の安全保障の観点から、円滑な食品アクセスの確立に向けて、必要な措置を講じることを求めています。なお、物流業界では二〇二四年問題がありますので、物流の強化・効率化に向けた幅広い施策を講じることとして、要望をしています。とりわけ、産地への負担が集中しないよう、施策を抜本的に拡充することとして、関連予算としては、中継共同物流拠点や産地の集出荷貯蔵施設などへの予算措置と、パレット荷役やトラック配送へのデジタル技術活用、モーダルシフト促進というように、幅広い支援を抜本的に拡充することを求めています。

農業の持続的な発展と農村の振興等

経営体の強化に向けて、引き続き、農地の受け皿となる経営体を育成することはそのとおりです。現在、地域計画が全国でつくられています。そこに位置づけられた多様な経営体についても、農業分野において「農業者」として基本法に位置づける必要があります。また、多様な経営体やサービス事業体の育成・確保に向けた施策を抜本的に拡充することを求めています。現行基本法では「望ましい農業構造」を目指すとしていますが、現行基本計画のなかでは、いわゆる「効率的かつ安定的な担い手経営体」とあわせて、「その他の多様な経営体」として、家族経営、副業的に営む農業者、半農半×等を含めて位置づけられており、さらに、サービス事業体等の活躍とともに、地域全体としての農業が支えられる、そうしたイメージの基本計画になっています。しかし、現行の基本法はそうなっていないので、基本計画に応じたように見直すべきだと考えます。関連予算としては、地域計画の作成に対する支援や地域計画に位置づけられた多様な経営体の取り組み支援、サービス事業体などを通じた機械の共同利用等への支援を抜本的に拡充することを要請しています。また、新規就農者や経営移譲についても、今の支援制度を堅持して、万全な予算を確保するということとあわせて、農業団体等が行っているトレーニングファームなど新規就農者の伴走機関が行っている研修農場等への支援を求めています。共同利用施設の整備、加工施設にかかる支援として、強い農業づくり総合支援交付金や産地生産基盤パワーアップ事業等の施設の整備・更新にかかる予算の増額を求めています。そうして、新たなメニューの創設など支援の拡充を求めています。

農地の適正利用、集約化については、市町村で策定される地域計画がベースになっていきますので、それを強力に拡充することとしています。さらに、農地の総量を確保するための国の責務を改めて明記する必要があるのではないかということです。農用地等の確保に関する国の基本指針と、県、市町村の方針・計画との整合性を図ることを求めます。また、その実現に向けて、優良農地（農用地区域）の確保に向けて、国の関与を強化するということや、地域計画内の農地については、農業地区域に編入するべきではないかということを申し上げています。関連予算としては、農地バンクの体制や取り組みの強化によって、農地の集積、集約化の加速化に向けた支援の拡充ということを求めています。

中山間地域対策を含む直接支払では、多面的機能の発揮、環境保全型農業の推進、中山間地域・離島を含めて、日本型直接支払の施策を拡充することを盛り込んでいます。あわせて、農的関係人口の増大に向けた対策を具体化することを要求しているところです。とりわけ、日本型直接支払については、農業者に加えて、地域住民や関係組織についても積極的に参加を得て、多面的機能が維持できるように、日本型直接支払の制度を拡充してほしいとしています。

環境負荷低減の取り組みを含めて、その理解促進や環境負荷低減に向けた取り組みを促進する政策を具体化するようにいっています。関連予算でも同様に、環境負荷と生産性向上の両立に資する機械施設の導入、栽培法の見直し、あわせて、革新的な技術・品種の開発・普及等への支援を拡充することを求めています。環境保全型直接支払についての拡充についても訴えています。

スマート農業の促進については、新法が作られると聞いています。改めて、スマート農業の技術開発に向けて、新法の制定を含めて、施策の抜本的な拡充を図ることを求めています。とりわけ、スマート農機・施設の導入支援、スマート農機の低コスト化に向けた取り組みと、その環境整備を進めることや、農業ＤＸのための環境整備を進めるように求めています。

なお、災害に強い農業づくりの対策についても言及しています。今年は、高温障害や渇水による品質や等級の低下がありましたが、そうした事象に対応可能となるよう、耐高温性品種などの開発を含めた、万全の支援を講じることが必要です。とりわけ、災害からの復旧については、防災・減災の観点からの施設の改良・復旧が求められます。災害に強い農業づくり対策の継続実施が必要です。

品目別対策では、関連する予算措置を求めています。水田および畑作農業については、計画的な産地づくりを推進するために、飼料用米も含めて、作付け転換にかかる万全の予算の確保を求めています。畜産・酪農に関しては、増体性に優れた繁殖への転換の促進、和牛や牛乳・乳製品の輸出拡大、需要に応える国産チーズの増産への支援、和牛肉の需要拡大に向けた対策を求めています。災害・感染症に強い農業づくり対策として、家畜伝染病や病害虫への対応について、抜本的に強化を図ることとしています。さらに、青果対策では、加工・業務用の野菜の国産への切り替えを進めるための総合的な対策を求めています。なお、中国で火傷病が発生したことを受けて、国内における花粉増産の必要な機械・設備への支援を早急に講じることを求めています。

ＪＡなど関係団体の役割強化

要望の具体化のなかで、関連団体の役割強化を提起しています。現行基本法は、「再編整備」としか書いていませんが、関連団体が、食料・農業・農村の維持・発展に果たしている役割、およびそれを後押しすることを条文に明記することを求めています。あわせて、関係団体と地方公共団体との連携を進める施策の展開を求めています。

われわれは、持続可能な農業を実現し、暮らしやすい地域社会、地域共生社会の実現、そして、協同組合としての役割の発揮を目指すために、次の三つの目標をあげています。「所得の増大」、「生産の拡大」、「地域の活性化」です。食料安全保障においても、生産基盤の拡充・強化や、耕畜連携の推進など、あらゆる面から自らの取り組みを進めていかなければいけません。これについては、令和六年一〇月にＪＡ全国大会を開催しますので、そこで、基本法の見直しを踏まえて、自らの取り組み課題を改めて提起する予定にしています。今、協議を開始したところです。

いずれにしても、基本法の条文を意識して、経済対策や予算もあわせて要請を行っています。

（ばば　としひこ）

〈質　疑〉

―― 基本法に、ＪＡなど関係団体の役割を位置づけるべきということですが、ＪＡの役割についてはどうお考えですか。

馬場　組織としては、これから一年かけて改めて協議をしていきますが、いずれにしても、食料安全保障の実現に向かって、われわれとしても、資材の安定供給、輸入依存穀物の増産、耕畜連携などについて積極的な取り組みを進めると同時に、担い手が減少していく中で、いかに担い手を確保していくのかということが、最重要課題だと思っています。さらに、ＪＡとしては、サービス事業体としての役割をどう果たしていくのかということも検討していきたいと考えています。

——　担い手については、基本法のなかで、今までとは違うかたちで位置づけるということでしょうか。

馬場　今の基本法では、二一条に「望ましい農業構造」「効率的かつ安定的な経営」という文言があります。しかし、それだけでは、望ましい姿は描けません。新たに文言を加えるのか、それとも二一条を書き直すのか。いずれにしても、多様な経営体と農業人材をしっかり位置づけられるよう、条文を整理すべきだと思っています。

——　現行基本法には「望ましい農業構造」として描かれていますが、今回の見直しにあたっては、例えば、一つの視点として、こういったかたちで基本法を見直すべきだという指摘があってもいいのではないでしょうか。

馬場　そのとおりです。

——　今回の政策提案の主軸の一つは、適正価格形成だと思われますが、コストを転嫁したとき、それを消費者が受け入れられるかということが課題です。一方、食料安全保障の確保の観点からは、納税者の理解のもとで、直接支払を導入したほうがいいのではないでしょうか。

馬場　そういう意見もあるかと思いますが、直接支払をしたら、それだけで問題は解決するということにはならないのではないかと思います。民主党政権時代に行われた戸別所得補償方式がそうですが、あれは結局、コメにお金をつけたわけですね。コメにつけたら、その分コメの値段が下がった。結局、いたちごっこになる、そして、財政が膨らんでしまうことになりかねません。ですからそれが現実的かどうかということを考える必要があります。加工用米も同じで、加工用米の助成金を上げたら、その分加工用米の値段が下がってしまった。直接支払の効果は、結局なくなってしまうのではないかと思います。

そういう面では、適正な価格形成をまず前提において、資材の高騰時には経営安定対策を講じるという仕掛けで臨むほうがベターではないかと思っています。ただ、消費者の理解を求めることは困難を極めると思います。生産現場の状況をしっかりと伝え、それを評価していただくことをしていかないと、持続可能性は見いだせないのではないかと思います。

―― 小麦・大豆、飼料作物の生産拡大についても言及されていますが、「飼料作物」とは何を想定されますか。飼料用米の位置づけはどうでしょうか。

馬場 飼料用米も当然、飼料作物の一環として取り組んでいかなければいけません。専用品種にしてしっかりと飼料作物として生産して位置づけていくことだろうと思います。飼料作物は家畜のえさになるものはすべて対象です。子実用トウモロコシやホールクロップ・サイレージもあわせて飼料作物といっています。

―― 農業労働力の高齢化と減少のもとで、自給率向上をどう達成するのか。ＪＡではどんな方策をお考えでしょうか。

馬場　現時点で、そのための策が明確になっているとは、必ずしもいえませんが、いずれにしても、労働力不足は社会全体でもいえることですので、今後、新規就農等の担い手の確保・育成とあわせて、多様な経営体を含めて、地域の農業生産の維持・拡大に努めること、とくに、それをサポートするＪＡグループとしての対応についても考えながら対策を進めていきたいと思います。スマート農業の促進は、一つの手法だと思いますが、具体的に詳細な詰めをしているわけではありません。改めて、大会議案に向けて検討を進めて、打ち出していきたいと思います。

――労働生産性を上げていくには、新たな機械化が必要です。日本は小区画ですので、そこでの生産性を上げるための機械技術開発については、どうお考えですか。

馬場　ＪＡだけでできるわけではありませんので、国の力も必要です。スマート農業を導入するには、区画整備も当然必要になってきます。そういう面では、実現に向けていろいろな課題はあると思います。国とともに、われわれも取り組みたいと思います。

――米の生産調整が、国家による価格カルテルにあたるという指摘があると聞きましたが、どうお考えですか。

馬場　それは、大いに間違っていると思います。価格カルテルができていれば、こんなに苦労しません。

――多様な人材については、農業分野においては明記すべきではないという意見もあったということですが。

馬場　検証部会で、「多様な人材」について、そうした意見があったのは事実です。財務省のＯＢが盛んにいっていたように思います。その立場だとそういうふうに言うんだろうな、という感じですね。結果として、検証部会の取りまとめには書き込まれていますので、位置づけられるものと、私は思っております。

――検証部会での資料では、日本農業の担い手のこの先について、深刻な予測が示されていました。担い手や従事者の激減もそうですが、米の消費はいよいよ一人一年五〇キロを割るということも言われています。こういった、細かい予測が積みあがって、将来の農業構造が予想されています。そうした予測の流れを少しでもせき止める必要があるでしょう。米粉の推進など、なんとか米の消費を増やそうと考えられています。

その一方で、水田の畑地化も視野に入っており、これは、食料安全保障の面で問題でしょう。こうした対策は、ＪＡだけの問題ではなくて、国全体としての食料安全保障であり、地方の国土保全とも関連します。それには、国内で生産されたものを消費することがそれにつながるという理解を促進する必要があります。それは、自信をもって、農業団体が取り組むべきです。「消費者の理解」といっていますが、仮に、食料危機がきたら、本当に海外から買えるのか。そのとき、高い物が買えない消費者がたくさん出てきます。そのとき、はじめてわかる方もいるでしょう。それでは遅いわけで、早めに、理解醸成をやっていくことが大切だと考えます。すでに学校給食の現場では、有機米の利用を進めようということが試みられています。たまには、ハンバーガーもいいですが、おいしいお米を子どもたちに食べてもらう運動をやってほしいですね。そうして、悲観的な指標の一つでも止めるということをやってもいいのではないでしょうか。

馬場　そのとおりです。そういう面では、これから、基本計画の議論がなされ、品目別の目標などが出てきます。それが、本当に実現可能なのかというところは詰めなければいけません。そうしないと、消費者の理解も進みません。とりわけ、米粉については、私は米粉協会の副会長になっています。ぜひ、米粉がひとつの革新になればと思っています。学校給食などをはじめ、国産のものを消費者に安定的な価格で供給し、ひとつでも上向く指標をつくっていかなければ、基本法を見直した意味がないのかもしれません。

――一一月一三日のＪＡグループ基本農政確立全国大会で森山総務会長が、農地の総量維持について言及されましたが、どう受け止められましたか。

馬場　食料安保上、農地の維持はどうしても必要だと思っています。優良農地だけでなく、農地そのもの全体を確保することが大事だと思っています。森山先生の意図は、まさに食料安全保障上農地が必要で、それは確保しなければならないという意識の表れだと思っています。われわれもそう思っています。

（二〇二三・一一・二一）

167　食料・農業・農村基本法関連施策の具体化にかかるJAグループの重点要請

編集後記

▽…新年早々の能登半島地震でお亡くなりになられた方々にはお悔やみ申し上げます。また、被災された方々へもお見舞い申し上げます。

今年は食料・農業・農村基本法の見直しが決まる年であり、これから基本計画の策定が本格化する。日本農業はこれまでにない危機的な環境下にある。その意味では抜本的な取り組みが求められている。抜本的な見直しを目指すについても今や農業サイドだけでは解決できない課題が山積しているだけに国民的なテーマとして取り組むことが求められている。

食料は国民すべてが必要とする物資である。これまで、「あなた作る人」、「わたし食べる人」と分断がみられた。市場経済は分業により効率的な生産を実現してきたが、これから食料は「みんなで作る、みんなで農業を守る」という取り組みが求められている。これまでの「モノ中心の農業」から「ヒト中心の農業」への改革が求められている。

▽…近年は農業者の取組も思いもかけないことに遭遇することがある。経営規模も想像もしなかった大規模が実現しているかと思うと、小規模でも1千万を超える販売額を実現している経営も出現した。

農業のやり方も、不耕起栽培や自然農法等が少しずつ増え常識を超えた方法に取り組んでいる経営者も現れた。少ない労働力で大規模稲作経営を実現するために作業の分散を図る必要から冬季播種の生産者も現れた。農業者の計り知れない着想力に驚きであり、こうした叡智を育てていくことも大事だ。（Y）

日本農業の動き No.221
食料・農業・農村基本法 どう見直すのか
定価は裏表紙に表示してあります（送料は実費）。
二〇二四年二月七日発行©
発行 農政ジャーナリストの会
編集 会長 日向 志郎
〒100-6826 東京都千代田区大手町一の三の一（JAビル）
電話 （03）六二六九―九七七二
FAX （03）六二六九―九七七三
販売 一般社団法人 農山漁村文化協会
〒335-0022 埼玉県戸田市上戸田二―二―二
電話 〇四八―二三三―九三五一
URL : https://www.ruralnet.or.jp/
振替 〇〇一二〇―三―一四四四七八
購読のお申込みは近くの書店か、直接発行・発売元へご連絡下さい。バックナンバーもご利用下さい。
PRINTED IN JAPAN 2024
ISBN978－4－540－23063－9　C0061